道路用钢渣全组分资源化成套技术研究与应用

内蒙古交通集团有限公司 组织编写
乔 志 赵建雄 牛昌昌 著

人民交通出版社
北京

内容提要

近年来，笔者及其团队在道路工程领域钢渣应用研究中取得了一系列创新性成果，本书以此为依托撰写而成，系统介绍了钢渣资源化过程中重金属安全置换技术、钢渣集料绿色加工技术、钢渣集料性能特性、钢渣水泥混凝土路用性能、钢渣沥青混凝土路用性能及工程应用等内容，对钢渣集料在道路工程领域的全组分资源化利用研究及应用起到较好的支撑作用。

本书共分为9章，主要内容包括：道路用钢渣全组分资源化利用研发背景和意义；钢渣资源化过程中重金属安全处置技术；钢渣全组分绿色加工技术；钢渣集料性能分析；钢渣-水泥稳定基层材料性能分析；钢渣沥青混凝土性能分析；钢渣微表处混合料性能分析；钢渣砂、钢渣微粉水泥砂浆与水泥混凝土性能研究；代表性工程应用与性能观测等。

全书内容全面、系统，可供公路工程专业技术人员及高等学校相关专业师生学习参考。

图书在版编目(CIP)数据

道路用钢渣全组分资源化成套技术研究与应用 / 乔志,赵建雄,牛昌昌著. — 北京：人民交通出版社股份有限公司, 2025.4

ISBN 978-7-114-18914-2

Ⅰ.①道… Ⅱ.①乔…②赵…③牛… Ⅲ.①钢渣—资源化—综合利用 Ⅳ.①TF341.8

中国国家版本馆 CIP 数据核字(2023)第 143200 号

Daolu yong Gangzha Quanzufen Ziyuanhua Chengtao Jishu Yanjiu yu Yingyong

书　　名：	道路用钢渣全组分资源化成套技术研究与应用
著 作 者：	乔　志　赵建雄　牛昌昌
责任编辑：	岑　瑜
责任校对：	赵媛媛　宋佳时　武　琳
责任印制：	张　凯
出版发行：	人民交通出版社
地　　址：	(100011)北京市朝阳区安定门外外馆斜街3号
网　　址：	http://www.ccpcl.com.cn
销售电话：	(010)85285857
总 经 销：	人民交通出版社发行部
经　　销：	各地新华书店
印　　刷：	北京市密东印刷有限公司
开　　本：	787×1092　1/16
印　　张：	13.75
字　　数：	300千
版　　次：	2025年4月　第1版
印　　次：	2025年4月　第1次印刷
书　　号：	ISBN 978-7-114-18914-2
定　　价：	98.00元

(有印刷、装订质量问题的图书，由本社负责调换)

序

党的二十大报告中强调要加快实施创新驱动发展战略,加快实现高水平科技自立自强,以国家战略需求为导向,积聚力量进行原创性引领性科技攻关。积极推进人与自然和谐共生的中国式现代化,实施全面节约战略,推进各类资源节约集约利用。习近平总书记在内蒙古考察时强调,要牢牢把握党中央对内蒙古的战略定位,完整、准确、全面贯彻新发展理念,紧紧围绕推进高质量发展这个首要任务,以铸牢中华民族共同体意识为主线,坚持发展和安全并重,坚持以生态优先、绿色发展为导向,积极融入和服务构建新发展格局,在建设"两个屏障"、"两个基地"、"一个桥头堡"上展现新作为,奋力书写中国式现代化内蒙古新篇章。[①] 交通运输是国民经济中具有基础性、先导性、战略性的产业,需严格贯彻落实新发展理念。"十三五"以来,交通运输行业坚持以创新、协调、绿色、开放、共享新发展理念为引领,以供给侧结构性改革为主线,多点发力,在交通基础设施建设领域取得长足进步。进入"十四五"后,交通运输行业进一步牢固树立生态优先理念,坚持资源集约节约利用,促进交通与自然和谐发展。近年来,随着公路交通重点领域和关键环节改革不断深化,科技创新赋能交通发展不断推进,高速公路被赋予了新的内涵。

《交通强国建设纲要》提出促进资源节约集约利用,推广施工材料、废旧材料再生和综合利用,提高资源再利用和循环利用水平,推进交通资源循环利用产业发展。国家发展和改革委员会等十部门联合发布的《关于"十四五"大宗固体废弃物综合利用的指导意见》中指出坚持规模利用与高值利用相结合,积极拓宽大宗固废综合利用渠道,进一步扩大利用规模,不断提高资源综合利用产品附加值,加强产业协同利用,扩大赤泥和钢渣利用规模,扩大钢渣微粉作为混凝土掺合料在建设工程等领域的利用,推动固废行业绿色生产。《质量强国建设纲要》提出要增强质量发展创新动能,加强质量领域基础性、原创性研究,协同推进技术研发、标准研制、

---

① 《习近平在内蒙古考察时强调 把握战略定位坚持绿色发展 奋力书写中国式现代化内蒙古新篇章》,新华网2023年6月8日。

产业应用,打通质量创新成果转化应用渠道。国家发展和改革委员会、科技部印发《关于进一步完善市场导向的绿色技术创新体系实施方案(2023—2025年)》文件中指出,进一步完善市场导向的绿色技术创新体系,加快节能降碳先进技术研发和推广应用,充分发挥绿色技术对绿色低碳发展的关键支撑作用。

内蒙古交通集团有限公司的《内蒙古地区钢渣全组分资源化成套技术与应用研究》项目是落实原创性引领性科技攻关,加快实施创新驱动发展战略,推进国家资源节约集约利用的重要举措之一,通过开展内蒙古地区钢渣全组分资源化成套技术与应用研究,有效解决了"钢渣绿色加工"及"高性能沥青混凝土、养护材料与基层材料、钢渣水泥混凝土的设计、制备与应用技术"等关键技术问题,实现了内蒙古地区钢渣的全组分高值化综合利用,使内蒙古地区钢渣利用水平居于国内领先水平。在此基础上,将项目研究成果进行全面梳理,形成了《道路用钢渣全组分资源化利用成套技术研究与应用》著作,该著作从钢渣资源化过程中重金属安全处置技术、钢渣绿色加工技术、钢渣集料性能分析、钢渣水稳基层、钢渣沥青混凝土、钢渣微表处混合料、钢渣砂和钢渣微粉水泥砂浆与水泥混凝土沥青路面等方面,介绍了道路用钢渣资源化利用成套技术要素和经验心得。其内容丰富、形式新颖、针对性强、推广价值高,对推进钢渣在公路建设领域的规模化、高值化利用意义重大,可为内蒙古自治区乃至全国钢渣资源化利用提供参考和借鉴。

内蒙古交通集团党委书记、董事长:张长翔

2024年5月

前　言

"十四五"是我国交通运输行业转型升级的关键时期,随着"十四五"交通运输发展规划的不断推进,2023年末全国公路里程已达到543.68万km,公共基础设施建设为经济发展和提高人民生活质量提供了坚实的基础。随着公路覆盖面的逐年扩大,路面建设需要消耗大量的天然原材料,如石灰岩、玄武岩等。然而,天然原材料开采成本较高且会对生态环境造成破坏,大规模基建原材料开发会导致环境质量下降,因此,节约集约、绿色低碳发展成为未来公路发展的关键。我国作为炼钢大国,每年会生产大量的钢渣,虽然现阶段钢渣蕴含的价值越来越被企业所认知,但与发达国家钢渣基本实现排用平衡相比,我国钢渣利用率仍较低。因此,需要大力开展钢渣资源化利用研究,通过开展道路用钢渣全组分资源化成套技术研究,将钢渣集料多元化应用于道路建设与养护工程中,既可有效缓解道路行业天然资源短缺的困境,又可实现钢渣的资源化再利用,减少其对自然环境的危害,对践行新时期协同推进交通运输高质量发展和生态环境高水平保护的发展理念,促进交通与自然和谐发展具有重要意义。

鉴于以上背景,笔者及团队进行了为期数年的道路用钢渣全组分资源化成套技术研究,并进行了大量工程实践,本书结合作者的最新研究成果编写而成。全书共分为9章,第1章详细介绍了钢渣生产及国内钢渣的利用情况,全面梳理了国内外钢渣在沥青混合料和水泥混凝土的研究应用现状,提出了现阶段我国钢渣在道路工程领域资源化利用不足的问题;第2章介绍了钢渣资源化过程中重金属安全处置技术,提出了改性聚丙烯(Polypropylene,PP)非织造布吸附材料制备方法,测试分析了改性前后聚丙烯(PP)无纺布吸附性能,避免钢渣集料中微量元素含量可能存在浸出毒性的风险,提升了钢渣在道路工程领域应用安全性;第3章介绍了钢渣全组分绿色加工技术,对钢渣尾渣的性能、钢渣破碎、筛分、分级等工艺进行了系统分析,实现了高品质钢渣集料的稳定生产;第4章介绍了钢渣集料基本性能,对钢渣集料外观、规格、变异性、组成、物理特性、化学特性等进行了系统分析;第5章介绍了钢渣-水泥稳定基层材料基本性能,对以钢渣为主要原材料的无机胶结料和基层碎石掺合料的胶凝性能、力学性能进行了系统测试分析;第6章介绍了钢渣沥青混凝土基本性能,对钢渣与不同级配类型沥青混凝土性能的影响、钢渣与沥青的黏附性能、钢渣-沥青界面特性等进行了系统研究;第7章介绍了钢渣微表处混合料基本性能,对钢渣微表处混合料高、低温性能和抗剪性能进行了系统研究,验证了钢渣在沥青路面养护工程中应用的可行性;第8章介绍了钢渣砂、钢渣微粉水泥砂浆与水泥混凝土的基本性能,对钢渣砂、钢渣微粉水泥砂浆和水泥混凝土力学性能、路用性能强度进行了系统研究,验证了钢渣集料多元化应用的可行性;第9章以路用钢渣全组分资源化成套技术研究经验和相关成果为基础,探究不同类型钢渣沥青混合料在道路工程中的应用效果,全面验证了钢渣材料在道路工程中的适用性与技术优势。

  本书对钢渣集料生产工艺、基本特性及钢渣集料在道路工程中多元化应用的基本性能和实际效果等进行了系统介绍,为钢渣集料在道路工程领域的全组分资源化利用研究及应用提供了理论支持和技术指导,对钢渣集料在道路工程领域中的推广应用具有借鉴意义。

  本书的研究与写作得到了众多专家学者、同行和同事的大力支持,许多内容属于科研共同研究取得的成果。此外,本书参考并引用了大量国内外相关文献,在此向上述人员及这些文献的作者表示诚挚的谢意。

  由于笔者水平有限,书中难免有不足和疏漏之处,敬请各位读者批评指正,不胜感激。

作 者
2024 年 5 月

目 录

第1章 绪论···1
  1.1 背景与意义··1
  1.2 国内外研究现状··2
第2章 钢渣资源化过程中重金属安全处置技术···8
  2.1 新型改性吸附材料的制备及其对镉离子吸附性能的研究························8
  2.2 离子交换非织造布对微量重金属的吸附研究·································15
  2.3 废水中微量重金属的吸附研究···27
第3章 钢渣全组分绿色加工技术···28
  3.1 钢渣的产生及处理工艺···28
  3.2 钢渣预处理工艺··29
  3.3 钢渣绿色深加工工艺··31
  3.4 钢渣全组分绿色加工生产线工艺···39
第4章 钢渣集料性能分析···42
  4.1 外观··42
  4.2 规格变异性··43
  4.3 基本路用性能指标···44
  4.4 化学组成··45
  4.5 表面微观形貌···45
  4.6 矿物组成··46
  4.7 维氏硬度··47
  4.8 游离氧化钙(f-CaO)含量···48
  4.9 pH 值···50
  4.10 表面粗糙度··51
  4.11 浸水膨胀率··51
  4.12 压蒸粉化率··53
  4.13 孔隙特征···53

4.14 集料粒形特征 ·· 55
4.15 热学特性 ·· 60
4.16 体积膨胀性 ·· 61

第5章 钢渣-水泥稳定基层材料性能分析 64
5.1 钢渣-水泥复合胶凝材料的胶凝性能分析 ·············· 64
5.2 钢渣-水泥基层材料性能分析 ·························· 66

第6章 钢渣沥青混凝土性能分析 81
6.1 钢渣沥青混凝土路用性能分析 ························ 81
6.2 钢渣与沥青界面性能研究 ···························· 94

第7章 钢渣微表处混合料性能分析 131
7.1 钢渣微表处级配设计及基础路用性能研究 ············ 131
7.2 钢渣微表处混合料性能研究 ·························· 138

第8章 钢渣砂、钢渣微粉水泥砂浆与水泥混凝土性能研究 144
8.1 钢渣砂水泥砂浆及水泥混凝土配合比设计 ············ 144
8.2 钢渣微粉水泥砂浆及水泥混凝土配合比设计 ·········· 146
8.3 钢渣砂水泥砂浆及水泥混凝土性能研究 ·············· 148
8.4 钢渣微粉水泥砂浆及水泥混凝土性能研究 ············ 158

第9章 代表性工程应用与性能观测 173
9.1 包茂高速公路包头至东胜段改扩建工程 ·············· 173
9.2 草高吐至乌兰浩特段高速公路改建工程 ·············· 191
9.3 G210 包头段 AC-16 养护试验段 ······················ 196
9.4 G6 乌海段 MS-3 微表处试验路段 ···················· 206

参考文献 211

第1章 绪 论

1.1 背景与意义

党的二十大报告中强调,要推进生态优先、节约集约、绿色低碳发展,加快发展方式绿色转型,实施全面节约战略,发展绿色低碳产生,倡导绿色消费,推动形成绿色低碳的生产方式和生活方式。交通运输部《绿色交通"十四五"发展规划》文件中指出,要紧紧围绕统筹推进"五位一体"总体布局和协调推进"四个全面"战略布局,立足新发展阶段,完整、准确、全面贯彻新发展理念,构建新发展格局,以推动交通运输节能降碳为重点,协同推进交通运输高质量发展和生态环境高水平保护,促进交通与自然和谐发展,为加快建设交通强国提供有力支撑。随着《中华人民共和国国民经济和社会发展第十四个五年规划和2035年远景目标纲要》的不断推进,中国在政治、经济、文化、科研等领域均取得了令人瞩目的成就。截至2023年底,我国国内生产总值达到129万亿,公路通车总里程达到543.68万km。公共基础设施建设为经济发展和提高人民生活质量提供了坚实的基础。公路作为交通运输系统的一个重要组成部分,直接影响着国家经济发展和国民日常生活。随着公路建设规模的不断扩大,路面建设需要消耗的天然矿质原材料(如石灰岩、玄武岩等)也越来越多,这些天然的原材料开采成本较高且会对生态环境造成破坏。而我国作为炼钢大国每年会生产大量的钢渣,虽然现阶段钢渣所蕴含的价值越来越被企业所认知,但与发达国家钢渣基本实现排用平衡相比,我国钢渣利用率不超过30%。此外,大量钢渣被掩埋或者堆积于农田之中,钢渣堆置不仅会造成土地占用,还会造成扬尘、污染土壤和地下水等影响,存在较大的生态环境安全隐患,需要大力开展资源化利用和无害化处置。若通过技术攻关,将钢渣作为路面铺筑材料加以利用,既可以缓解道路行业天然资源短缺的困境,又能实现钢渣的资源化再利用,减少其对自然环境的危害。

目前,我国已开展了将钢渣应用于道路工程的相关研究。研究表明,钢渣具有耐磨、抗滑、高碱性等特征,利用钢渣制备沥青混凝土,可以改善沥青混凝土的耐磨、抗滑、抗水损害等性能;钢渣与水泥熟料有相似的矿物组成和化学成分,利用钢渣形成混凝土用集料,可有效提升水泥混凝土结构强度和耐久性。但现有研究尚未建立明确的研究体系,且对钢渣路用性能的现场铺筑试验验证也较少,因此,进一步开展路用钢渣全组分资源化成套技术研究,对促进我国可持续发展战略的顺利实施具有重要的技术与经济意义。

1.2 国内外研究现状

1.2.1 钢渣在沥青混合料中的应用

钢渣应用于道路工程材料已有较长的历史,世界上主要发达国家生产出的钢渣都有相当一部分应用于道路工程。1998 年,德国产出的钢渣中 97% 被应用于道路工程中(路面、基层、路基土方结构)。截止到 2003 年底,英国产出的钢渣 98% 作为沥青及水泥混凝土集料使用。美国产出的钢渣绝大多数都用于道路工程和出口。道路建设需要消耗大量石料,钢渣具有出色的力学性能和良好的棱角性,其替代天然石料作为集料在道路建设中使用是可行的。但因钢渣游离氧化钙(f-CaO)含量较高,具有体积膨胀性,制约了其在道路工程中的应用,国内外就如何减少钢渣体积膨胀性进行了深入的研究。在德国,电炉钢渣和转炉钢渣生产处理的方式和对环境危害性评价措施已纳入了德国的欧洲标准化委员会(CEN)标准。德国在炼钢程序上也进行了改进,在熔融态钢渣中加入一定量干砂,同时进行吹氧处理,可有效消解 f-CaO,经此处理后的钢渣 f-CaO 含量低于 2%。另外,蒸汽试验作为评价钢渣体积膨胀性的方法也被广泛接受。《公路沥青路面施工技术规范》(JTG F40—2004)中规定,钢渣在使用前应在自然条件下陈化至少半年。经陈化处理后,钢渣中 f-CaO 含量低于 1%,可作为沥青混合料的集料使用。

在室内模拟路面的研究基础上,国内外陆续修筑了一些钢渣沥青混合料路面试验段。1994 年,美国铺设了一段钢渣沥青混合料路面试验段,使用钢渣集料替代天然集料,用量为 30%。通过对其持续 5 年的跟踪检测发现,30% 的钢渣集料替代量并不能显著提升沥青混凝土的路用性能,使用更大替代量的钢渣才能有利于路面性能的提升。在国内,2002 年,武汉理工大学与武汉钢铁集团公司合作,修筑了钢渣沥青混合料试验路段;其中面层采用 AC-20 型钢渣沥青混合料,上面层使用 AC-13 型钢渣沥青混合料。在 2003 年,钢渣作为粗集料成功应用于武汉—黄石高速公路大修工程中,使用的沥青为 PG76-22 型 SBS 改性沥青,上面层使用的是 SMA-13 型钢渣沥青混合料。在 2004 年,钢渣沥青混合料应用在了仙桃至天门省道的江汉大桥桥面铺装中,使用的是 SMA-13 型钢渣沥青混合料。根据服役的 3 条试验段路用性能跟踪检测结果显示,钢渣沥青混合料路面性能良好,抗滑性能衰减程度远小于同类型石灰岩路面,服役期间路面结构较为稳定,未出现大的结构破坏。这表明钢渣沥青混合料具有较好的稳定性和耐久性。

构成沥青混凝土的基本单元是集料与沥青。集料的黏附性是评价沥青混凝土性能优劣的极为重要的参数。这种黏附作用主要来源于集料与沥青分子之间的机械黏结力与极性作用力,属于一种弱相互作用。集料与沥青黏附性好,代表沥青与集料的黏附功较大,集料与沥青构成的基本结构单元不容易受到外来因素的破坏。陈南采用水煮法研究了钢渣与沥青的黏附性能。当水煮时间为3min时,钢渣和石灰石与沥青的黏附等级均为5级,即沥青仍旧牢牢裹覆于集料表面;水煮时间延长为10min时,钢渣的黏附性衰减度要小于石灰石。钢渣与沥青黏附性好是其高碱度所致,因为沥青中的环烷酸中含有羧基(COOH),当沥青与碱性集料接触时,羧基将会与集料表面的碳氢键互相吸引,使集料表面改性而促使沥青更牢固地吸附于其上。已有的研究成果表明,采用钢渣作为集料的沥青混凝土通常具有较优异的路用性能。

英国交通研究实验室(Transport Research Laboratory,TRL)的相关研究结果证明,当钢渣的磨光值高于60时,完全可以作为耐磨路面用集料,而且这种钢渣沥青路面的摩擦性能会比同类玄武岩沥青路面衰减慢得多。Stock研究了钢渣沥青混凝土路面的抗滑性能,得益于钢渣粗糙的表面,钢渣沥青混凝土具有优良的抗滑性能,采用14mm的钢渣碎石封层,在相同的磨光值的情况下,其抗滑性能要比天然石料的同等级封层性能更好。Motz评价了德国超过25条钢渣公路的使用情况,使用钢渣集料的混凝土可以提供更好的路面承载性能,大雨对非黏结层的承载能力无明显影响,这些公路在经历重载交通后,路面依然平整,经过长时间的使用依然保持较高的磨光值,而且这些道路对环境无有害影响。

美国诺丁汉研究中心Airey详细研究了包含高炉钢渣作为粗集料、转炉渣作为细集料、石灰石矿粉作为填料的密级配沥青混合料和SMA-13型沥青混合料的性能,包括劲度模量、蠕变特性、疲劳特性及耐久性能等。钢渣作为集料使沥青混凝土的劲度提高了接近20%,同时永久变形也大幅下降,路面抗车辙能力增强,而疲劳性能也并未减弱,抗老化性能也有相应的提高。这些都反映了钢渣沥青路面的长寿命服役特征,Airey认为钢渣的这种优质集料特征来源于其表面的囊状结构。Noureldin将钢渣粗集料、天然砂细集料配制成AC-20型密级配沥青混合料(即公称最大粒径为19mm),混合料组成设计采用马歇尔的标准设计方法,同时配套使用马歇尔稳定度、间接拉伸强度、劲度模量及垂直应变等值来评价混合料性能。结果表明,采用这种组成的钢渣沥青混合料具有较好的稳定度和较高的劲度。得益于此,钢渣沥青混凝土面层的厚度可以有效降低,从而节约建造成本。钢渣沥青混合料同时也具有较高的抗拉强度,且经过冻融循环后,其体积膨胀率在1%以下,满足道路结构层混凝土的选用标准,因此钢渣应该大量推广并应用于沥青混凝土路面。Ali分别将电炉钢渣作为粗集料和细集料制备沥青混凝土并进行测试,测试项目包括弹性模量、动态蠕变、低温劲度模量与水稳性。这些测试项目分别代表了沥青路面的承载能力、抗车辙能力、抗低温开裂能力和抗水损害能力。结果表明,钢渣沥青混凝土的这些路用性能全面超过同级配的石灰石沥青混凝土。而粒状高炉渣作为集料、粉煤灰作为填料的沥青混凝土的高温性能,主要是高温劲度模量较大,因此将钢渣与粉煤灰应用于沥青混凝土是一种经济环保的废弃物再利用方法。Maslehuddin研究了采用钢渣粗集料的水泥砂浆。砂浆的公称最大粒径为 12.5mm,且粗集料质量占比为 60%。将钢渣以 50%、55%、60%、65% 四个掺量代替天然石料加入砂浆,并分别对相应的砂浆进行测试。结果发现,其收缩率仅为 0.097%,要小于采用天然石料的砂浆。Hassan 在 AC-20 混合料中使用小于 4.75mm 的钢渣集料替代天然石料,并采用马歇尔方法来证明其可行性。测试结果表明钢渣替代天然石料应用于沥青混合料中是完全可行的,各项性能指标均符合相关规范的设计要求。Shen 特别研究了钢渣沥青路面的噪声问题。钢渣的应用可有效降低沥青路面的噪声,而且钢渣沥青混合料拌和后的粗集料最大间隙率(VCA_{max})比粗集料最小间隙率(VCA_{min})大许多,这证明其嵌挤结构较好。

国内对钢渣在沥青路面中的研究起步稍晚,但发展也很迅速。吴少鹏对钢渣进行集料基本性质(密度、吸水率、磨光值、黏附性等)分析,D8 Advance X 射线衍射仪(XRD)衍射分析,钢渣化学成分分析,钢渣的热重分析,表面微观孔径分布分析及钢渣表面微观形貌分析后发现,高炉钢渣完全可以作为粗集料应用于沥青混凝土中。另外他也对间断级配的钢渣沥青混合料作了研究。通过对比老化前后钢渣混合料的动稳定度及冻融劈裂值,发现钢渣玛蹄脂沥青混合料拥有较优异的性能,将 SMA-16 沥青混合料的两档粗集料(16~9.5mm,9.5~4.75mm)替换为钢渣,制备成的钢渣沥青混合料的 7d 体积膨胀率不大于 1%。钢渣沥青混合料的高温稳定性能及低温抗裂性能均较玄武岩沥青混合料要好,钢渣沥青混凝土路面试验段也显示出了较好的路用性能。

1.2.2 钢渣在水泥混凝土中的应用

钢渣中具有一定含量的 C_3S、C_2S、C_3A、C_4AF,其成分与普通硅酸盐水泥熟料成分类似,故钢渣可以用来生产水泥、水泥混凝土、各种预制砖和墙体材料。

钢渣用作胶凝材料开始于钢渣水泥。早期的钢渣水泥分为碱-磨细钢渣粉水泥与磨细钢渣粉-石膏水泥。但钢渣水泥有明显的缺点:早期强度低,水化慢及 f-CaO 导致的安定性不良。加入了矿渣和少量水泥熟料后,使得该种水泥得到了很大的发展。从 20 世纪 80 年代后期开始到现在,激发剂的出现和发展明显改善了钢渣水泥的性能,少(无)熟料钢渣-矿渣水泥已经出现。近年来中国建筑材料科学研究总院先后与首钢集团、武汉钢铁(集团)公司等合作,开发出高活性磨细钢渣粉水泥混凝土掺合料制备技术,磨细钢渣粉掺合料开始逐渐引起研究界与工程界的关注。此后,关于钢渣粉用作掺合料的研究逐渐增加。

王强对钢渣粉自身性质做了较为详细的研究与分析。他首先研究了钢渣自身的水化过程和其胶凝性能,随后将钢渣粉末掺入到水泥中研究钢渣水泥复合材料的胶凝性能。研究发现,钢渣的水化反应过程与水泥的水化过程较为类似,但是速度要比水泥慢得多。同时他分析了钢渣在磨细后具有胶凝组分和惰性组分,其中胶凝组分能改善复合材料的硬化作用,但是惰性组分不能对浆体的孔隙部分起到较好的填充作用,所以钢渣对复合材料的浆体孔隙填充效果要比粉煤灰差。随后通过试验,用钢渣代替部分水泥,研究得出钢渣的早期水化速率较低,但是通过钢渣与水泥之间的促进作用能有效增加 7d 以后的水化速率,钢渣掺入的比例越多,这种促进效果就越好。

沈卫国用固体废弃物制备了一种可应用于道路基层的新型钢渣-粉煤灰-磷石膏胶结材料,优化材料的配比后,此胶结材料的最佳配比(粉煤灰/钢渣 = 1∶1,磷石膏剂含量为 2.5%)能产生最高的强度。该材料的 28d、360d 无侧限抗压强度分别为 8MPa、12MPa,间接抗拉强度能达到 0.82MPa。它的早期强度比石灰粉煤灰道路基层高,长期强度远高于水泥稳定粒料基层,它在这些路基材料中具有最好的抗冲刷性。

Pho. H. Y 等人将钢渣掺入细粒土中进行研究,他们用不同性质不同掺量的钢渣对土进行改良,研究不同性质、不同钢渣掺量对钢渣土强度和耐久性的影响,发现掺入钢渣后土的各方面性能在不同程度上均优于普通路基土。Qasrawi. H 等人选择 f-CaO 比较少的钢渣细粉掺入到混凝土当中,通过室内试验发现,将钢渣细粉的比例增加到 30% 时,混凝土的抗压强度和抗拉强度都有所提高。Zor. T. D 和 Valunjkar. S. S 根据各国对钢渣的研究经验,开始研究将钢渣和粉煤灰充分应用到公路建设中。他们发现经过钢渣改良的水稳基层和被粉煤灰稳定的路基土具有良好的力学性能和使用性能,能满足行车要求;不仅如此,利用钢渣和粉煤灰减少了路面结构层厚度和水泥用量,降低了工程造价。George. W 等人针对钢渣在路面基层中的应用,专门研究了钢渣的膨胀性和适合钢渣基层的钢渣级配问题,并且提出了解决钢渣膨胀性问题的方法和适用于钢渣基层的级配计算公式,推算出钢渣的空隙率与膨胀率之间的关系,后来通过较多的室内试验对所提设想进行了论证。Netinger. I 等人特地选取钢渣中较粗的部分,将钢渣掺入到混凝土中作为粗集料,并且将这种钢渣混凝土应用到了建筑行业中,研究发现相对于普通水泥混凝土,这种钢渣粗集料混凝土在抗压强度、回弹模量和耐腐蚀性方面都有较大的提升。Vilciu. I 等人从材料的源头出发,对钢渣的膨胀性进行了研究,旨在解决钢渣的膨胀性问题,使其能直接掺入路基路面材料中。他们通过在炼钢过程中掺入适量的石英砂,将钢渣中 f-CaO 的含量降低了 80% 左右,有效控制了钢渣的体积变形。

钢渣砂作为机制砂的一种,与水泥熟料有相似的矿物组成和化学成分,具有一定的潜在胶凝活性。钢渣砂自身坚硬、棱角丰富,在取代天然河砂作为细集料应用于水泥砂浆或混凝土时,有利于改善其强度和耐久性能。近年来,我国大部分钢铁企业开始对钢渣尾渣进行资源化处理,以实现高价值的综合利用,进而达到钢渣的零污染排放。目前这方面的研究已经产生了较为明显的社会效益、经济效益和生态环保效益,但与发达国家相比,我国钢渣的利用率仍处于较低水平。2018 年,我国粗钢产量达到 9.28 亿 t,同比增长 6.6%,钢渣产率约占粗钢的 12%~18%,但钢渣利用率仅为 20% 左右。剩余大量钢渣堆积不仅造成土地资源浪费,也是环境污染的源头之一。因此,钢渣的处理和资源化利用的任务相当艰巨,规模化有效利用产量巨大的废弃钢渣,不仅是降低环境污染、实现绿色发展的内在需要,而且是发展循环经济、建设资源节约型企业的根本所在。

目前钢渣砂应用在水泥砂浆或混凝土中的主要问题是体积稳定性较差。由于 f-CaO 存在于不同碱度的钢渣中,本身会发生分解从而导致体积膨胀,所以使用时要避免产生开裂的潜在危害。f-CaO 和 MgO 这两种成分是影响钢渣砂体积稳定性的主要因素,它们在自然环境中会水化生成 $Ca(OH)_2$ 和 $Mg(OH)_2$,导致砂浆膨胀开裂而破坏,进而降低其使用寿命。但 MgO 含量较少且反应很慢,所以 f-CaO 水化生成的 $Ca(OH)_2$ 对钢渣砂体积膨胀起着主要作用,且 f-CaO 含量随钢渣碱度的升高而增加,导致钢渣砂体积稳定性变差。伦云霞等采用蒸汽和压蒸处理方法研究钢渣砂体积稳定性,发现通过蒸汽和压蒸处理能加速钢渣砂中膨胀组分水化,改善其体积稳定性;且与蒸汽处理相比,压蒸处理能在短时间内显著改善钢渣砂的稳定性。冷达等采用压蒸法对钢渣砂的体积稳定性进行研究,发现 f-CaO 含量是影响钢渣砂体积稳定性的主要因素之一,且认为压蒸法是检测钢渣砂体积稳定性比较可靠的方法。在钢渣种类、处理工艺和陈化时间相同的条件下,钢渣粒径越大,钢渣 f-CaO 含量越低,蒸压后粉化率越小,钢渣集料稳定性也越好。钢渣砂细集料在等体积替代天然砂应用于水泥砂浆或混凝土时,体积稳定性方面存在一定问题,需要通过特定的抑制处理方法,在砂浆的体积稳定性得以控制基础上才能安全使用。不同处理方式的钢渣砂在进行不同掺量的替代时,其砂浆体积稳定性有所差异,这方面还需要进一步深入研究。

随着工业进程的不断加快,工业粉磨技术在不断提高,从而钢渣粉磨技术也在不断提高,在合理的能耗下,可以批量生产钢渣微粉。钢渣微粉在水泥基中应用的相关研究在社会上越来越受重视,经过调研发现,钢渣微粉这类钢渣和矿渣复合微粉的活性激发研究相对较少。在 2006 年,《用于水泥和混凝土的钢渣粉》(GB/T 20491—2017)国家标准发布。但钢渣微粉在建筑工业上的应用与推广并没有取得很好的效果,主要原因在于,钢渣是一种具有潜在胶凝活性物质,前期水化慢,后期强度不高。钢渣活性激发的改善机理,成为了社会的关注焦点。

钢渣由于含有与水泥熟料相似的矿物,又被称为"过烧硅酸盐熟料"。但由于钢渣中晶体结晶良好、晶体粗大,导致水化活性低,水泥-钢渣复合胶凝材料的凝结时间大于纯水泥凝结时间。相关研究表明,掺入钢渣微粉后,提高了混凝土的工作性能,并且保持混凝土工作性的能力也增强。但另有研究表明,钢渣微粉改善混凝土工作性能及减小混凝土经时坍落度损失能力与钢渣粉比表面积密切相关,钢渣粉比表面积越大,钢渣颗粒吸水量越大,工作性能降低,但却提高了钢渣微粉的活性。为了观察温度对钢渣混凝土的影响,谭克锋等发现在混凝土浇筑初期高温条件下,添加钢渣粉可以一定程度上抵消高温带来的影响,将对钢渣混凝土的抗压强度产生有利影响。

1.2.3 小结

对国内外钢渣应用于道路工程的研究现状进行分析可知,目前国内外专家学者的研究结果均证明,将钢渣集料应用于道路工程建设(水泥混合料、沥青混合料)中,是对其资源化利用的有效途径。欧美等发达国家对钢渣的研究较早、综合利用率较高;而我国对钢渣在道路工程中的研究起步较晚，针对钢渣在沥青路面、水泥混凝土路面中的应用开展了部分相关研究，但尚未建立系统的研究体系，未能形成钢渣在道路工程中应用的全组分资源化成套技术，同时在实际铺筑过程中对工程实际情况考虑较少，施工过程缺乏科学理论依据，缺乏工程实际铺设验证。因此，有必要进一步深入开展道路用钢渣全组分资源化成套技术的研究与应用，为充分利用工业废弃物资源和落实国家节能减排、可持续发展政策提供技术支撑。

第 2 章 钢渣资源化过程中重金属安全处置技术

钢渣的资源化主要是指将钢渣进行无害化处理,从而提高钢渣附加值。与传统集料相比,钢渣集料中微量元素含量相对较为丰富,虽然钢渣的9种金属浸出液含量均符合《危险废物鉴别标准 浸出毒性鉴别》(GB 5085.3—2007)规定,是不具有浸出毒性特征的危险废物,可以堆积并使用,且服役过程中符合《建设用地土壤污染风险管控标准》(GB 36600—2018)中第二类用地重金属含量筛选值,环境影响轻微。但为进一步提升钢渣应用安全率,科研人员开展了钢渣资源化过程中重金属安全处置技术研究。目前重金属处置方法主要有膜过滤法、离子交换法、电渗析法和吸附法等。吸附法因其成本低、操作方便、二次产物少等优点被认为是一种有效而简单的方法而被广泛应用。由于常用的吸附剂例如活性炭、沸石、二氧化硅等,存在吸附结束后很难将其分离出来(需要高速离心才能解决)的问题。因此为进一步提升钢渣资源化过程中的重金属安全处置效率,作者及所在课题组研发了一种新型改性吸附材料。本章主要对新型吸附材料制备过程及其吸附性能进行了系统介绍。

2.1 新型改性吸附材料的制备及其对镉离子吸附性能的研究

2.1.1 改性聚丙烯非织造布吸附材料制备

将邻苯二酚(CCh)与聚乙烯亚胺(PEI)按照质量比2∶1溶解在三(羟甲基)氨基甲烷盐酸盐缓冲溶液中,固定邻苯二酚的浓度为2g/L,用0.1mol/L的氢氧化钠溶液调节其pH值至8.5,再用乙醇预浸湿法浸润洁净的聚丙烯非织造布($60g/m^2$),并用滤纸吸收表面残留的乙醇。在25℃和温和振荡条件下,将非织造布完全浸泡于新鲜制备的CCh-PEI溶液中反应12h,得到改性聚丙烯改性非织造布。改性后的非织造布经过超声振荡30min后用超纯水洗涤三次,最后在40℃真空干燥箱内干燥至恒重。

2.1.2 改性聚丙烯非织造布吸附材料制备

准确称量改性聚丙烯非织造布,并量取150mL不同质量浓度的镉离子溶液,置于250mL

烧杯中,用0.1mol/L的盐酸和0.1mol/L氢氧化钠调节 pH 值。将称量好的改性聚丙烯非织造布置于溶液中,并在室温下分别吸附一定时间后,用电感耦合等离子体原子发射光谱仪(ICP-OES)检测吸附后溶液中镉离子浓度,计算吸附量 q_e,从而确定吸附时间对吸附量的影响,q_e 可由式(2-1)计算。

$$q_e = \frac{(C_0 - C_e)V}{m} \tag{2-1}$$

式中:C_0——溶液中镉离子的初始质量浓度,mg/mL;
C_e——震荡结束后溶液中镉离子的质量浓度,mg/mL;
V——溶液的体积,L;
m——改性聚丙烯非织造布的质量,g。

2.1.3 改性前后聚丙烯非织造布性能分析

1)傅立叶转换光谱分析

图 2-1 为聚丙烯非织造布改性前后的红外光谱图。由改性前聚丙烯非织造布原布的红外光谱中可以看出,在 1380cm^{-1}、1460cm^{-1} 及 2800~3000cm^{-1} 分别出现了—CH$_3$、—CH$_2$ 和饱和 C—H 基的伸缩振动峰,这表明聚丙烯非织造布骨架由 C—H 组成,除此之外聚丙烯非织造布原布并没有其他明显的特征峰,材料并没有其他官能团的存在;改性后的聚丙烯非织造布相比于改性之前在 3100~3600cm^{-1} 和 1730cm^{-1} 处出现特征吸收峰,分别是氨基(N—H)、羟基(O—H)的伸缩振动峰及醛基(C=O)的伸缩振动峰,这说明 CCh-PEI 的交联共聚物成功负载在了聚丙烯非织造布上。

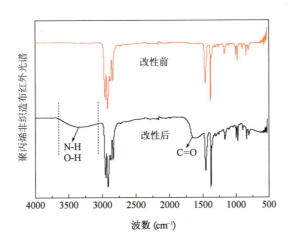

图 2-1 聚丙烯非织造布改性前后红外光谱图

2)扫描电镜分析

图 2-2 为聚丙烯非织造布改性前后的扫描电镜图,分析可知聚丙烯非织造布原布纤维表面光滑,有着良好的纤维形态。经过改性后,纤维表面出现了明显的粗糙变化,并且这些变化

并没有堵塞非织造布本身的孔隙结构,同时可以看出非织造布原有的纤维结构并没有遭到破坏。通过比较改性聚丙烯非织造布的上表面、下表面及侧面的扫描电镜图可知,CCh-PEI 对改性聚丙烯非织造布表面改性均匀且对无纺布内部纤维表面也有着良好的改性效果。

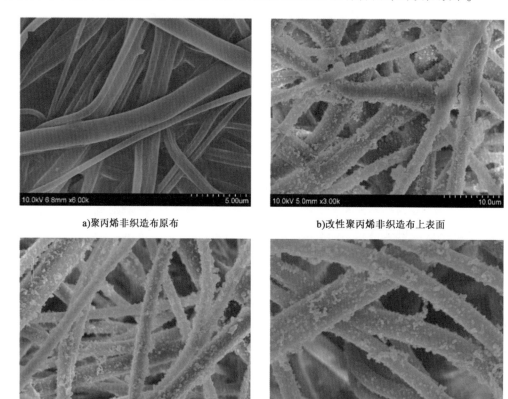

a)聚丙烯非织造布原布　　　　　　　　b)改性聚丙烯非织造布上表面

c)改性聚丙烯非织造布下表面　　　　　d)改性聚丙烯非织造布侧面

图 2-2　聚丙烯非织造布改性前后扫描电镜图

2.1.4　改性聚丙烯非织造布吸附性能分析

1)pH 值、吸附时间、初始浓度对吸附量的影响

由图 2-3 pH 值对隔离子[Cd(Ⅱ)]吸附量的影响可知,当 pH 值较低时,吸附材料对镉离子的吸附量低。这是由于低 pH 值条件下,吸附材料上的氨基、羟基等官能团发生质子化反应。随着 pH 值的增大,氢离子的浓度降低,质子化效应减少,因此镉离子的吸附量会逐渐增加,当 pH 值达到 5.5 附近时,吸附量达到最大。

由图 2-4 接触时间对 Cd(Ⅱ)吸附量的影响可知,在 pH 值为 5.5 时,吸附材料对镉离子的吸附量随时间的增加而逐渐增大,并且在 50min 内吸附量迅速增加而后趋于缓慢直至达到平衡。这是因为吸附初期,吸附材料有着大量的吸附位点,并且溶液中的镉离子浓度较高,镉离子与吸附位点发生螯合反应的概率较大；而随着反应时间的延长，吸附材料上的吸附位点逐渐减少，同时溶液中镉离子的浓度也在逐渐降低，导致吸附速率减慢，吸附反应在 3h 时达到吸附平衡。

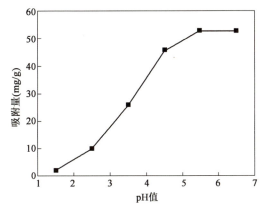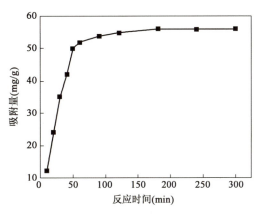

图 2-3　pH 值对 Cd(Ⅱ)吸附量的影响　　　　图 2-4　接触时间对 Cd(Ⅱ)吸附量的影响

由图 2-5 初始浓度对 Cd(Ⅱ)吸附量的影响可知，随着镉离子初始浓度的增加，吸附量逐渐增大。这是由于随着溶液中镉离子的增多，金属离子更容易与吸附位点结合，可以占据更多的吸附位点，低浓度条件下吸附位点的利用不充分，因此溶液中的重金属离子浓度越高，吸附量越大。当镉离子初始浓度达到 80mg/L 时，吸附量几乎达到饱和。

2) 吸附动力学分析

吸附动力学曲线反应的是吸附剂在溶液内吸附过程中，吸附量随吸附时间的变化过程。为了更准确地描述目标重金属在吸附剂上的吸附行为和吸附剂结构与吸附性能之间的关系，本书采用应用比较广泛的准一级动力学模型和准二级动力学模型对吸附剂吸附镉离子的数据进行拟合。根据试验数据拟合得到的准一级和准二级动力学曲线见图 2-6，各个参数如表 2-1 所示。

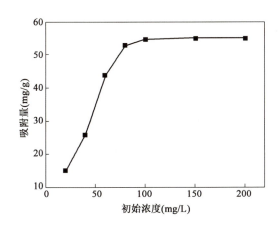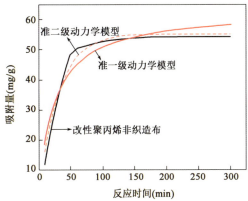

图 2-5　初始浓度对 Cd(Ⅱ)吸附量的影响　　　　图 2-6　改性聚丙烯非织造布对 Cd(Ⅱ)的准一级和准二级动力学吸附曲线

吸附 Cd(Ⅱ)动力学拟合参数　　　　表 2-1

参数	准一级动力学吸附	准二级动力学吸附
q_e(mg/g)	65.02	56.92
k(min^{-1})	0.041	0.032
R^2	0.907	0.972

由上述分析可以明显看出,准二级动力学的拟合参数 R^2 要高于准一级动力学,并且准二级动力学的理论吸附量 q_e 相比于准一级动力学更接近试验所得吸附量,说明准二级动力学模型能更好地拟合改性聚丙烯非织造布对 Cd(Ⅱ) 的吸附行为。

3) 吸附等温线分析

将改性的聚丙烯非织造布分别在 288K、298K、308K、318K 温度条件下,吸附不同浓度的镉金属离子,吸附平衡后溶液重金属离子的浓度和平衡吸附量之间的关系按朗缪尔等温线和弗罗因德利希等温线对吸附试验数据进行拟合分析,拟合数据见图 2-7,得到的平衡参数和拟合相关系数如表 2-2 所示。由图 2-7 和表 2-2 可知,朗缪尔拟合参数中线性回归系数 R^2 要远远高于弗罗因德利希,说明朗缪尔模型能更好地描述改性聚丙烯非织造布对 Cd(Ⅱ) 的吸附行为,并且说明该吸附行为为单分子层作用,饱和吸附量为 57mg/g。

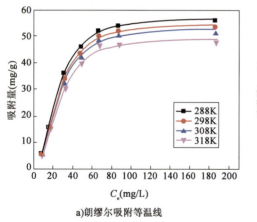
a) 朗缪尔吸附等温线

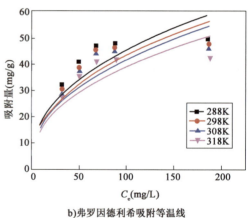
b) 弗罗因德利希吸附等温线

图 2-7　朗缪尔和弗罗因德利希吸附等温线对吸附试验数据进行拟合分析

吸附 Cd(Ⅱ)的吸附等温线拟合参数　　　　表 2-2

T(K)	朗缪尔吸附等温线			弗罗因德利希吸附等温线		
	q_m(mg/g)	K_L(L/mg)	R^2	K_f(mg/g)	$l(n)$	R^2
288	57.19	9.57	0.9980	7.95	0.4049	0.7324
298	55.07	7.27	0.9947	7.23	0.4146	0.7277
308	53.46	6.52	0.9969	6.88	0.4179	0.7208
318	49.58	5.85	0.9959	6.48	0.4156	0.7181

4) 吸附热力学分析

本小节将从吉布斯自由能 ΔG_o、焓变 ΔH_o、熵变 ΔS_o 三个方面对达到平衡时的吸附过程的热力学进行研究,经试验数据测试计算得到热力学参数如表2-3所示。从表可以看出,不同温度下吸附过程中的吉布斯自由能 ΔG_o,表明该吸附反应过程可以自发进行;且随着温度的提高 ΔG_o 的绝对值在减小,说明温度的提高降低了吸附材料与Cd(Ⅱ)的亲和力,不利于吸附的进行。从 ΔH_o 为负值可以看出,该吸附过程为放热反应,降温有利于反应的进行。吸附过程中的 ΔS_o 为负值,说明在吸附过程中,液-固表面的自由度在吸附过程中减少。

吸附Cd(Ⅱ)的热力学参数 表2-3

T(K)	ΔG_o	ΔH_o	ΔS_o
288	-6.75	-7.43	-13.27
298	-6.54		
308	-6.32		
318	-6.28		

5) 重复使用性能分析

以乙二胺四乙酸二钠(EDTA,0.1mol/L)为解吸剂,将金属离子从改性聚丙烯非织造布中洗脱,进行改性聚丙烯非织造布的重复使用性能测试,多次解吸数据见图2-8。经过6次循环利用后,改性聚丙烯非织造布仍然具有超过45mg/g的吸附量,比初始吸附量的53mg/g仅仅少了8mg/g。说明该材料具有很好的重复使用性能,该改性方法所制备的吸附材料具有比较稳定的化学结构,在重金属污染水处理领域是一个很有价值的吸附材料。

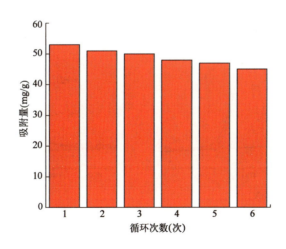

图2-8 改性聚丙烯非织造布吸附Cd(Ⅱ)的循环利用性能试验吸附量变化

6）改性聚丙烯非织造布对 Cd(Ⅱ)吸附机理分析

由图 2-9a)可知,通过 X 射线光电子能谱仪(XPS)对 CCh-PEI、CCh-TEPA、CCh-DETA 三种改性液对聚丙烯非织造布表面改性后的表面 C1s、N1s、O1s 三种元素进行分析可以看出,这三种元素在聚丙烯非织造布表面的含量相差不大。在对这三种材料表面的 N1s 进行分析时发现,N 原子的连接方式可以被分为—NH_2(388.5eV),—NH(398.6eV),=NH(402.3eV)三种峰,其中—NH_2 的峰面积大小为 CCh-PEI > CCh-TEPA > CCh-DETA 改性的聚丙烯非织造布。通过对这三种材料中的—NH_2 峰进行积分可以得出其在 CCh-PEI,CCh-TEPA,CCh-DETA 三种改性后的聚丙烯非织造布 N1s 中所占比例分别为 56%,37%,19%。通过图 2-9e)中对这三种改性聚丙烯非织造布对 Cd(Ⅱ)的吸附性能进行比较可以发现,对 Cd(Ⅱ)的吸附量以及吸附速率的大小关系与材料中所含—NH_2 量的变化是一致的,这说明改性聚丙烯非织造布对 Cd(Ⅱ)的吸附是—NH_2 起主要作用的吸附行为。

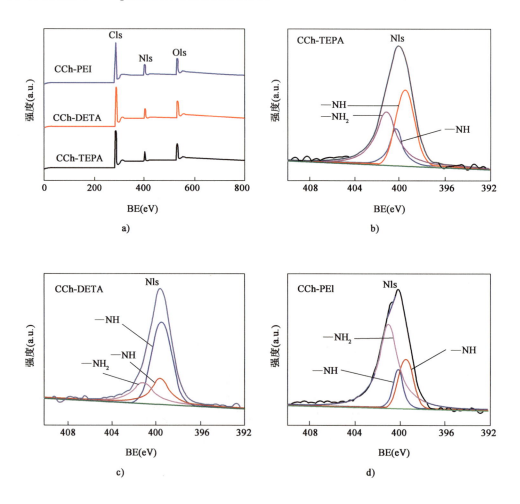

图 2-9

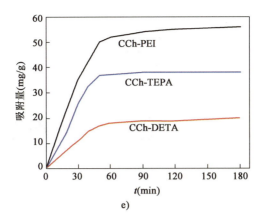

图 2-9 聚丙烯非织造布经过 CCh-PEI、CCh-TEPA、CCh-DETA 三种反应液改性后的 X 射线光电子能谱全谱图与 N1s 谱图以及三种改性聚丙烯非织造布对 Cd(Ⅱ)吸附性能的测试

2.2 离子交换非织造布对微量重金属的吸附研究

2.2.1 离子交换型聚丙烯(PP)非织造布的制备

离子交换型聚丙烯非织造布的制备分为两部分:

第一部分:阳离子交换材料,通过紫外辐照在纤维表面接枝 GMA 得到 PP-GMA,进一步使用亚硫酸钠进行环氧开环反应引入磺酸基团得到 PP-GMA-SS。

第二部分:阴离子交换材料,通过紫外辐照反应在纤维表面接枝 DMAEMA,得到 PP-DMAEMA,之后使用溴代正丁烷将叔胺基团进行季铵化反应得到季铵基团 PP-DMAEMA-QA。

材料化学反应流程和材料合成示意图见图 2-10。

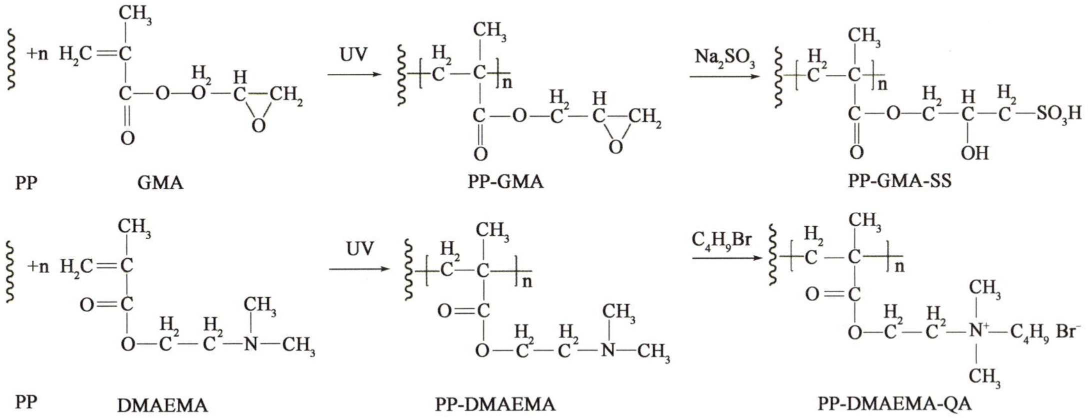

a)材料的化学反应过程

图 2-10

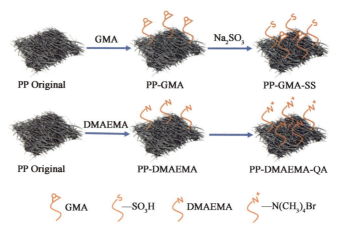

b) 材料的合成示意图

图 2-10　材料的化学反应流程和合成示意图

1) 阳离子交换材料的制备

使用乙醇超声清洗聚丙烯非织造布以去除杂质,之后在60℃的恒温烘箱中干燥至恒重。取质量为 W_0 的干燥非织造布于聚乙烯自封袋中。之后取乙醇和蒸馏水按照体积比1∶4的比例混合,加入质量比1‰的铜试剂(阻聚剂)和质量比1‰的二苯甲酮(光敏剂)以及质量比5%的 GMA 配置成接枝液,浸泡非织造布6h,再通入氮气15min用于排除袋内氧气。密封条件下使用紫外光辐照接枝,反应结束后冷却至室温。使用蒸馏水和乙醇清洗接枝后的纤维,用以去除未反应的单体。在60℃烘箱中烘干24h得到 PP-GMA 并称重,按照式(2-2)计算接枝率。

$$G = \frac{W_1 - W_0}{W_0} \times 100 \tag{2-2}$$

式中：G——接枝率,%；

W_0——接枝反应前的非织造布质量,g；

W_1——接枝反应后的非织造布质量,g。

将接枝后的纤维 PP-GMA 置于圆底烧瓶中,将 Na_2SO_3/异丙醇/水按照质量比10%/15%/75%的比例配置开环溶液浸没纤维。在恒温条件下水浴加热进行开环反应,引入亲水性磺酸基团。反应结束后使用蒸馏水和乙醇清洗纤维,在60℃烘箱中烘干24h得到磺化纤维 PP-GMA-SS 并称重,开环率计算如式(2-3)所示。

$$A = \frac{(W_2 - W_1)/M_s}{(W_1 - W_0)/M_G} \times 100 \tag{2-3}$$

式中：A——开环率,%；

W_0——接枝反应前的非织造布质量,g；

W_1——接枝反应后的非织造布质量,g；

W_2——开环反应后的非织造布质量,g；

M_s——亚硫酸钠的相对分子质量；

M_G——GMA 的相对分子质量。

2) 阴离子交换材料的制备

使用乙醇和超声清洗聚丙烯非织造布，之后干燥至恒重。取干燥的非织造布于聚乙烯自封袋中。之后取乙醇和蒸馏水混合溶液，加入质量比 2% 的铜试剂(阻聚剂)和质量比 2‰ 的二苯甲酮(光敏剂)及质量比 15% 的 DMAEMA 配置成接枝液，浸泡后通入氮气 15min。密封条件下使用紫外光辐照接枝，反应结束后冷却。使用蒸馏水和乙醇清洗接枝后的纤维，烘干 24h 得到 PP-DMAEMA 并称重。

将接枝后引入叔胺基团的非织造布 PP-DMAEMA 加入圆底烧瓶中，加入一定量的溴代正丁烷乙醇溶液浸没纤维，在恒温条件下水浴加热进行季氨化反应，反应结束后使用乙醇洗涤，之后干燥并称重。反应产率计算如式(2-4)所示。

$$Y = \frac{(W_3 - W_1)/M_{Br}}{(W_1 - W_0)/M_D} \times 100 \quad (2-4)$$

式中：Y——季氨化产率，%；

W_0——接枝反应前的非织造布质量，g；

W_1——接枝反应后的非织造布质量，g；

W_3——季氨化反应后的非织造布质量，g；

M_{Br}——溴代正丁烷的相对分子质量；

M_D——DMAEMA 的相对分子质量。

2.2.2 离子交换非织造布吸附性能的研究

使用两种离子交换纤维材料进行连续过滤试验，分别针对 Cd(Ⅱ) 和 Pb(Ⅱ)，As(Ⅴ) 和 Cr(Ⅵ) 两种重金属混合溶液，各元素的初始浓度均为 100μg/L。以前期试验为基础，结合实际过滤效率，选择适当的流速和填充层数，进行连续性过滤试验，考察净水单元的持续性吸附能力。参考《生活饮用水卫生标准》(GB 5749—2022)中重金属含量限值，对材料吸附性能进行考察。试验装置与流程图见图 2-11。

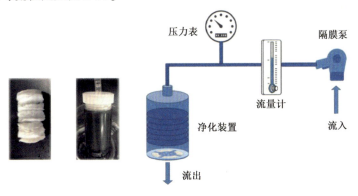

图 2-11 净水单元的试验装置与流程图

2.2.3 离子非织造布吸附性能试验结果与讨论

1) 材料的表征

通过紫外光辐照接枝的方法对聚丙烯非织造布进行了表面改性,反应条件对反应结果的影响十分明显,条件波动较大时对接枝率产生的影响较大。辐照时间增加会提高接枝率,聚丙烯非织造布表面的活性位点和单体中的自由基发生碰撞,引发接枝反应。但过长的时间会使温度过高,高温会破坏聚丙烯非织造布的表面结构,经过试验选择辐照时间为 10min 时能够保持 GMA 和 DMAEMA 单体的接枝率稳定在 45% 和 25% 左右。此外,对于阳离子交换纤维的开环反应,随着反应温度和时间的提高,开环率会有所增加,但过高的温度容易使接枝层脱落,反而减少材料表面的功能位点。而反应时间超过 9h 后,开环率几乎不再上升,经过一系列试验得出了开环反应的温度为 80℃、时间为 8h 时产生的开环率稳定在 20%。对于阴离子交换纤维的季氨化反应,同样反应时间与温度对季胺化率的影响较大,经过试验得出季氨化温度 85℃、时间为 9h 时的产率稳定在 25% 左右。由于开环反应和季氨化反应均采用高温水浴加热,在反应过程中难免会有单体的脱落,导致产率的计算产生偏差,为了进一步确定磺化与季氨化产率,采用滴定法可较为准确地得出材料的离子交换容量。

离子交换纤维材料改性前后的红外光谱图见图 2-12,测定的范围是 $4000cm^{-1} \sim 500cm^{-1}$。聚丙烯原始非织造布为 C—H 结构,聚丙烯原布的谱图在 $1380cm^{-1}$,$1460cm^{-1}$ 及 $2800 \sim 3000cm^{-1}$ 处均出现了明显的峰,分别代表—CH_3、—CH_2 和 C—H 的伸缩振动峰。改性阳离子交换非织造布 PP-GMA-SS 在 $1170cm^{-1}$ 出现 C—O—C 伸缩振动峰,在 $1730cm^{-1}$ 处出现 C=O 的弯曲振动峰,表明纤维表面上 GMA 接枝成功。在 $3200 \sim 3600cm^{-1}$ 出现 O—H 的伸缩振动峰,在 $1060cm^{-1}$ 处出现了典型的 S—OH 伸缩振动峰,表明环氧基团发生了开环反应并且引入磺酸基团。PP-DMAEMA-QA 在 $1147cm^{-1}$ 处出现 C—N 的伸缩振动峰,表明 DMAEMA 的引入。

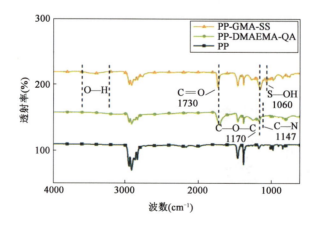

图 2-12 PP 原布、PP-DMAEMA-QA、PP-GMA-SS 的红外光谱图

材料的 XPS 谱图见图 2-13，改性之前的 PP 原布只有明显的 C1s 峰。PP-GMA-SS 纤维出现了明显的 O1s 峰，在 168.7eV 出现了 S2p 的峰，表明开环反应后磺酸基的引入。PP-DMAEMA-QA 纤维中在 400.3eV 出现了属于 N1s 的峰，表明了 DMAEMA 的引入，在 76.1eV 和 182.1eV 处出现了属于 Br3d 和 Br3p 的峰，表明季氨化反应的发生。

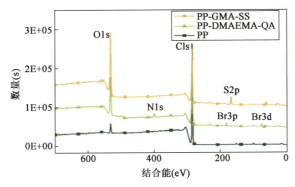

图 2-13 PP 原布、PP-DMAEMA-QA、PP-GMA-SS 的 XPS 谱图

图 2-14 为改性前后的冷场扫描电镜图，图 2-14a) 是未经过改性的非织造布的扫描电镜图。从图中可以看出，非织造布表面光滑，没有任何杂质的覆盖。图 2-14b) 是 PP-GMA-SS 磺化纤维，表面纤维上附着一层明显的鳞状物质。图 2-14c) 是 PP-DMAEMA-QA 季氨化纤维，表面覆盖了接枝层变得粗糙不平整，有明显的凸起和凹陷，增加了比表面积。表面结构的变化，并不会改变材料的空间结构，而表面的接枝层却增加了纤维的比表面积。在整个非织造布的贯穿孔道中，更高的比表面积意味着纤维与目标吸附物质更容易接触，并由吸附位点对污染物进行捕获。

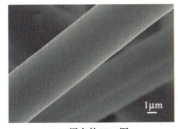
a) PP 原布的 SEM 图

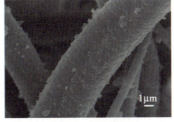
b) PP-GMA-SS 的 SEM 图

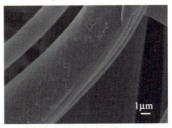
c) PP-DMAEMA-QA 的 SEM 图

图 2-14 改性前后的冷场扫描电镜图

水接触角分析能够反映材料表明的润湿性能，图 2-15 为非织造布改性前后的动态水接触角测试图。如图 2-15 所示，PP 原始非织造布的水接触角 θ 保持在 118°，也说明了其本身的疏水特性，PP 基体是由长链烷基组成，这是其亲水性能较差的原因。PP-GMA-SS 和 PP-DMAEMA-QA 纤维的接触角均在 1s 内达到 0°。通过磺化和季氨化反应引入了具有亲水性的羟基、磺酸基团、季氨基团后，大大改善了原纤维的亲水效果，使水滴不再停留在纤维表面，而是迅速在纤维内部铺展，验证了材料在水中吸附的可行性，之后的试验表明更好的亲水性能可以使材

料更加高效地吸附水中的目标重金属离子。良好的亲水性有利于促进吸附质从溶液中向吸附剂表面扩散或迁移,从而实现更高的吸附效率。

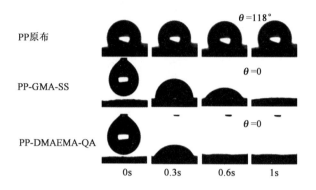

图 2-15 PP 原布、PP-DMAEMA-QA、PP-GMA-SS 的动态水接触角测试图

两种材料的离子交换容量通过滴定试验进行测定,根据指示剂颜色的变化确定终点,并以标准溶液消耗的体积来计算滴定结果。滴定结果显示磺化纤维的离子交换容量为 0.982mmol/g,季胺化纤维的交换容量为 1.724mmol/g。通过对离子交换纤维的滴定,不仅能够量化纤维的离子交换容量,还对后续的重金属离子吸附量的试验具有指导意义。滴定法测定的交换容量相比称重计算得出的磺化和季氨化产率,可更加直观和准确地反应材料的反应程度和吸附容量。

采用紫外辐照接枝技术将甲基丙烯酸缩水甘油酯和甲基丙烯酸二甲氨基乙酯引入聚丙烯非织造布的纤维表面,分别对两种材料使用亚硫酸钠和溴代正丁烷进行开环反应和季氨化反应,分别制备了具有磺酸基团的阳离子交换纤维 PP-GMA-SS 和具有季氨基团的阴离子交换纤维 PP-DMAEMA-QA。采用傅立叶变换红外光谱、扫描电子显微镜、X-射线电子能谱仪、接触角测量仪和离子交换容量滴定试验对改性前后的 PP 非织造布进行测试。

通过试验采用最佳制备条件合成了阳离子交换纤维和阴离子交换纤维,在保证纤维的结构完整和韧性的情况下,使接枝率、磺化和季氨化率最大化,接枝率稳定在 45% 和 25% 左右。通过 FT-IR、XPS、SEM 试验,表明了 PP-GMA-SS 和 PP-DMAEMA-QA 改性非织造布制备成功;水接触角试验证明提高了材料的亲水性能;滴定试验量化了纤维的离子交换容量,磺酸基团的含量为 0.982mmol/g,季氨基团的含量为 1.724mmol/g。

2)材料吸附性能的研究

(1)吸附动力学。

通过吸附动力学的研究,能更好地了解离子交换非织造布对于重金属的吸附速率和吸附达到平衡状态时所用的时间。图 2-16 为磺化阳离子交换纤维对于 Pb(Ⅱ) 和 Cd(Ⅱ) 的吸附过程,图 2-17 为季氨化阴离子交换纤维对于 Cr(Ⅵ) 和 As(Ⅴ) 的吸附过程。

两图均反映出了相同的趋势,吸附的过程主要分为三个阶段。首先是 50s 内的快速吸附阶段,得益于 PP-GMA-SS 和 PP-DMAEMA-QA 表面的大量离子交换位点,在搅拌的状态下,材料能够充分与溶液中的污染物进行接触并发生离子交换作用,能够将重金属离子吸附到材料的表面。随着反应的进行,表面离子交换位点被部分占据,而离子进入非织造布进行内扩散则需要更多的时间和能量,溶液中重金属离子的浓度逐渐降低导致吸附速率有所减缓。此时进入第二阶段即缓慢吸附阶段,当吸附进行到 120s 左右时达到吸附平衡状态。整体来看,吸附的主要过程集中在第一阶段,利用了材料对重金属离子较强的结合力,在数秒之内对重金属离子进行大量吸附,表明了离子交换材料的快速吸附能力。快速吸附的特性使材料能够满足在后续独立的净水单元中,以过滤的方式进行吸附,在相对较快的流速下对流经材料表面的污染物迅速捕获,产生离子交换作用,高效率地对水中重金属离子的吸附去除。

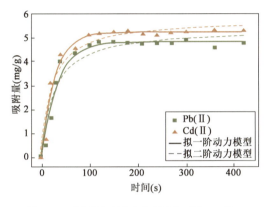

图 2-16 磺化阳离子交换非织造布吸附 Cd(Ⅱ)、Pb(Ⅱ)的吸附动力学曲线

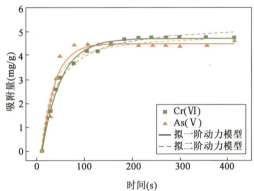

图 2-17 季氨化阴离子交换非织造布吸附 Cr(Ⅵ)、As(Ⅴ)的吸附动力学曲线

采用拟一级动力模型和拟二级动力模型对离子交换纤维的吸附行为进行了进一步研究。拟合的结果如表 2-4 所示,从表中的数据可见,拟一级动力模型的相关系数 R^2 的数值均大于拟二级动力模型的值,其中 Cr(Ⅵ)的相关系数达到 0.993。对于拟一级动力模型来说,拟合的程度高,表明吸附过程主要以颗粒的外扩散为主。基于离子交换的非织造布的制备是通过表面紫外辐照制备的,因此在非织造布的表面相对于内部拥有更多的吸附位点,外部扩散能够充分利用表面的吸附位点。结合内部的空间结构,能够达到对重金属离子的高效捕集。

离子交换非织造布吸附 Pb(Ⅱ)、Cd(Ⅱ)、Cr(Ⅵ)、As(Ⅴ)的吸附动力学参数　　表 2-4

重金属离子	拟一级动力模型			拟二级动力模型		
	k_1 (min^{-1})	q_e (mg/g)	R^2	k_2 [g/(mg·min)]	q_e (mg/g)	R^2
Pb(Ⅱ)	0.0304	4.82	0.964	0.00714	5.40	0.926
Cd(Ⅱ)	0.0355	5.23	0.974	0.00826	5.77	0.952
Cr(Ⅵ)	0.0240	5.14	0.993	0.00513	5.86	0.991
As(Ⅴ)	0.0349	4.91	0.962	0.00877	5.41	0.923

(2)穿透曲线。

使用穿透曲线来表示单层离子交换非织造布的动态吸附过程。图2-18、图2-19分别为磺化纤维和季氨化纤维对Pb(Ⅱ)、Cd(Ⅱ)和Cr(Ⅵ)、As(Ⅴ)的动态吸附。当重金属离子流过离子交换纤维时,非织造布的上表面优先吸附,此时纤维的吸附位点充足,出水浓度较低。在经过约50min的过滤后,上表面的吸附位点逐渐被利用,出水浓度随之上升。当上部的吸附达到饱和之后,起作用的吸附层逐渐下移;当达到下表面时,出水浓度迅速上升,直至出水浓度与进水浓度相当,这个过程约130min,此时表明材料已完全穿透。

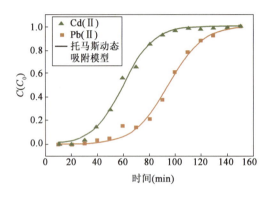 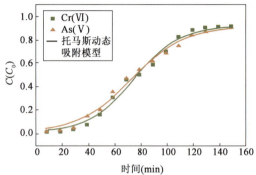

图2-18 磺化纤维离子交换非织造布吸附Cd(Ⅱ)、Pb(Ⅱ)的动态吸附曲线

图2-19 季氨化纤维离子交换非织造布吸附Cr(Ⅵ)、As(Ⅴ)的动态吸附曲线

托马斯动态吸附模型用来描述单层非织造布的动态吸附曲线,能够通过模型拟合来预测材料的平衡吸附量和吸附速率常数,如表2-5所示。由表可得,四种元素的模型的R^2值均在0.99以上,表明拟合程度良好。模型对于吸附容量的预测表明材料对Pb(Ⅱ)的吸附效果最好,对于Cd(Ⅱ)的吸附速率最快,对Cr(Ⅵ)和As(Ⅴ)的平衡吸附量以及吸附速率基本一致,总体上离子交换纤维保持着高效率吸附。

离子交换非织造布吸附Pb(Ⅱ)、Cd(Ⅱ)、Cr(Ⅵ)、As(Ⅴ)的动态吸附参数 表2-5

重金属离子	托马斯动态吸附模型		
	$K[10^{-3}\text{L}/(\text{min}\cdot\text{mg})]$	$q(\text{mg/g})$	R^2
Pb(Ⅱ)	0.374	9.46	0.995
Cd(Ⅱ)	0.428	6.01	0.996
Cr(Ⅵ)	0.289	7.58	0.991
As(Ⅴ)	0.247	7.40	0.992

3)净水单元快速吸附的研究

(1)多元素吸附测定试验。

为了优化净水单元的运行条件,对不同流速和填充层数进行控制试验。采用Cd(Ⅱ)、Co(Ⅱ)、Pb(Ⅱ)、Ni(Ⅱ)、Cr(Ⅵ)、As(Ⅴ)混合溶液进行过滤试验,各个元素的初始浓度均为100μg/L。试验结果见图2-20~图2-23,表示两种离子交换材料分别为5~20层时的出水浓度变化情况。从图中可以看出,当两种填充层数各 5 层时,随着流速增加,出水的浓度波动较大,但最高浓度小于 2.5μg/L;随着填充层数的增加,出水浓度波动减小,两种填充层数各 20 层时,出水的最高浓度不超过 1μg/L。总体上,在相同流速条件下,随着填充层数的增加,出水浓度会减小;在相同的填充层数条件下,随着流速的降低,出水浓度会减小。即总体的趋势为高密度、低流速时,能够将重金属离子去除量最大化。当填充密度增加时,净水单元内的吸附位点总量增加,即使在高流速下上部的纤维没有及时将污染物捕集,下部的纤维同样可以起到净化作用。

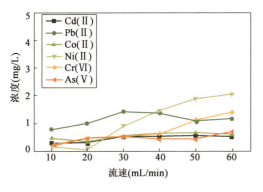

图 2-20　不同流速下多种重金属离子出水浓度变化情况(5 层材料)　　图 2-21　不同流速下多种重金属离子出水浓度变化情况(10 层材料)

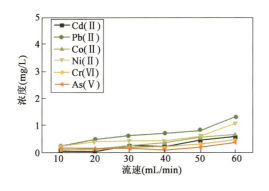
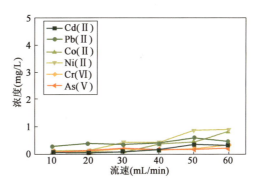

图 2-22　不同流速下多种重金属离子出水浓度变化情况(15 层材料)　　图 2-23　不同流速下多种重金属离子出水浓度变化情况(20 层材料)

高密度、低流速可以提高净化效果,随着填充层数的增加,纤维之间的缝隙会减小。当长时间过滤时,由于水流的冲击会在进水口产生持续的压力,随着流量的增加,纤维更容易被挤压密实。在压缩状态下,净水单元的离子交换纤维体积变小,空间结构由于压力而变得相对致密。在体积缩小情况下,吸附位点的数量并不会改变,但会减小非织造布孔隙内的含水率,缩短纤维内水的停留时间,使纤维和重金属离子之间没有足够的接触时间,导致高流速下出水浓度的上升。

当每种材料填充层数各 20 层,流速超过 40mL/min 时,压力产生突变,并迅速上升。在此填充范围内,压力值具有突变的特点,当累计压力超过一定限度后,纤维被压实,导致空隙压缩,水流通过时压力上升迅速。为了减少由压力造成吸附层挤压导致的出水浓度升高,吸附的条件应低于此限值。

（2）连续性过滤试验。

结合以上试验的结果,为进一步验证净水单元的连续性过滤性能,开展连续性过滤试验。试验设置 Cd(Ⅱ)和 Pb(Ⅱ),Cr(Ⅵ)和 As(Ⅴ)两种重金属离子混合溶液各 100L,每种离子浓度均为 100μg/L。采用 PP-GMA-SS 和 PP-DMAEMA-QA 两种材料各 15 层,流速 30mL/min 进行试验。过滤过程中,出水浓度和实时压力的变化见图 2-24 和图 2-25,图中标注了饮用水的浓度限值参考线。结果显示,Cd(Ⅱ)和 Pb(Ⅱ)两种离子出水浓度会产生小范围的波动,但总体较为稳定。Cr(Ⅵ)和 As(Ⅴ)两种重金属离子的吸附过程中,材料对 As(Ⅴ)的吸附效果比 Cr(Ⅵ)的效果要好,压力随过滤而逐渐上升,最高达到 0.01MPa。对于四种重金属离子过滤结果均达到饮用水标准。因此,离子交换吸附单元具有连续性大量过滤的性能,并具有高效的吸附特性和较大的吸附容量。

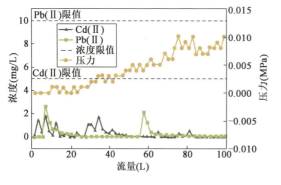

图 2-24 连续过滤下 Cd(Ⅱ)和 Pb(Ⅱ)出水浓度和压力变化图

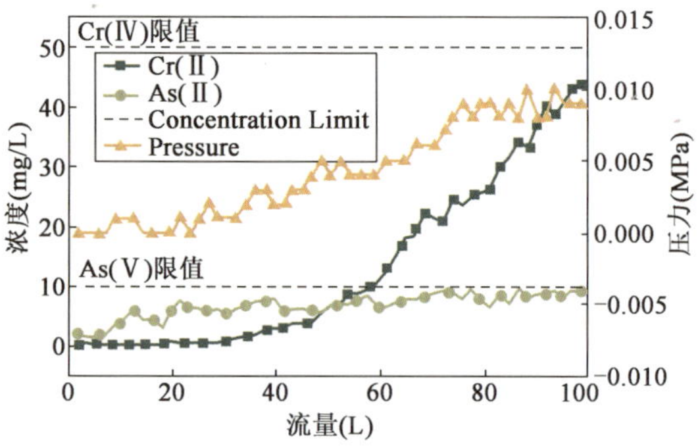

图 2-25 连续过滤下 Cr(Ⅳ)和 As(Ⅴ)出水浓度和压力变化图

（3）溶液 pH 值的影响。

溶液 pH 值影响重金属离子在水中的存在形式,Cd(Ⅱ)和 Pb(Ⅱ)在 pH 值小于 7 时,主要以 Cd^{2+} 和 Pb^{2+} 形式存在,当 pH 值过高时以沉淀形式存在,离子交换过程如式(2-5)~式(2-7)所示。

$$2(PP\text{-}GMA)SO_3H + Pb^{2+} \longleftrightarrow 2(PP\text{-}GMA)SO_3Pb + 2H^+ \qquad (2\text{-}5)$$

$$2(PP\text{-}GMA)SO_3H + Cd^{2+} \longleftrightarrow 2(PP\text{-}GMA)SO_3Cd + 2H^+ \qquad (2\text{-}6)$$

$$-SO_3H \longleftrightarrow -SO_3^- + H^+ \qquad (2\text{-}7)$$

如图 2-26 所示,对于 Cd(Ⅱ)和 Pb(Ⅱ),当 pH 值在 5~6 之间时去除效率最高,在 95% 以上。pH 值过低时由于磺酸基解离常数较低(pka1.92)使反应左移,溶液中大量的氢离子与重金属离子竞争吸附导致去除率降低。pH 值过高时产生沉淀,同时会覆盖部分阳离子交换纤维的吸附位点从而影响去除率。

当 pH 值在 2~6 之间时 Cr(Ⅵ) 主要以 $HCrO_4^-$ 和 $Cr_2O_7^{2-}$ 形式存在,当 pH 值大于 6 时主要以 CrO_4^{2-} 形式存在。对于 As(Ⅴ)来说,当 pH 值在 2~7 之间时主要以 $H_2AsO_4^-$ 形式存在,当 pH 值在 7~12 之间时主要以 $HAsO_4^{2-}$ 形态存在,离子交换过程如式(2-8)、式(2-9)所示。

$$2(PP\text{-}DMAEMA)Br + M^{2-} \longleftrightarrow 2(PP\text{-}DMAEMA)M + 2Br^- \quad (2\text{-}8)$$

$$(PP\text{-}DMAEMA)Br + M^- \longleftrightarrow (PP\text{-}DMAEMA)M + Br^- \quad (2\text{-}9)$$

如图 2-27 所示,对于 Cr(Ⅵ) 和 As(Ⅴ),当 pH 值较低时季铵化纤维表面被质子化,由静电作用吸附负离子,当 pH 值在 4~5 之间时去除效率最高。当 pH 值持续增加时水中二价负离子增加,需要两个吸附位点的共同作用吸附,同时大量的 OH— 与负离子发生竞争吸附,导致了去除率的下降。

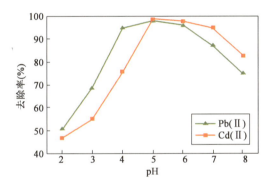

图 2-26 溶液 pH 值对 Cd(Ⅱ)和 Pb(Ⅱ)吸附的影响

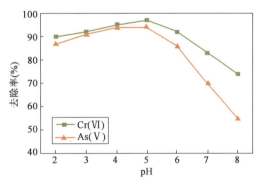

图 2-27 溶液 pH 值对 Cr(Ⅵ)和 As(Ⅴ)吸附的影响

(4)溶液干扰离子的影响。

PP 离子交换非织造布基于离子交换原理进行吸附,对于水中存在的各种阴阳离子均有吸附作用,因此导致除目标重金属离子以外的其他离子也会被离子交换纤维所捕集,对重金属产生竞争吸附。

试验设置目标离子 Cd(Ⅱ)、Pb(Ⅱ) 和 As(Ⅴ) 的浓度为 50μg/L,Cr(Ⅵ) 的浓度为 100μg/L。鉴于饮用水标准对 Cr(Ⅵ) 的限值较高,因此初始浓度设定值高于其他离子。干扰离子钠、镁、钾、钙、硫酸根和碳酸根的浓度分别为目标离子的 1 倍、10 倍、100 倍。设置流速 20mL/min 采用两种离子交换材料各 15 层。试验结果如表 2-6 和表 2-7 所示,出水浓度均未超过饮用水标准。干扰离子虽然与目标离子发生竞争吸附,但由于离子交换纤维的交换容量相对较高,对重金属离子的去除率保持在 95% 以上,因此出水仍保持较好效果。

干扰离子对 Cd(Ⅱ)和 Pb(Ⅱ)吸附的影响　　　　表 2-6

干扰离子	比例	目标离子浓度(μg/L)	
		Cd^{2+}	Pb^{2+}
Na^+	100:1	1.903	1.611
	10:1	0.595	0.481
	1:1	0.060	0.036

续上表

干扰离子	比例	目标离子浓度(μg/L)	
		Cd^{2+}	Pb^{2+}
Mg^{2+}	100:1	2.158	0.872
	10:1	0.698	0.547
	1:1	0.057	0.044
Ca^{2+}	100:1	4.986	0.847
	10:1	2.916	0.254
	1:1	0.040	0.012
K^+	100:1	1.547	0.782
	10:1	1.018	0.573
	1:1	0.030	0.031

干扰离子对Cr(Ⅵ)和As(Ⅴ)吸附的影响　　表2-7

干扰离子	比例	目标离子浓度(μg/L)	
		Cr^{6+}	As^{5+}
SO_4^{2-}	100:1	0.01	9.984
	10:1	0.009	8.406
	1:1	0.004	7.425
CO_3^{2-}	100:1	0.041	9.808
	10:1	0.009	8.898
	1:1	0.004	6.885

PP改性非织造布基于离子交换原理吸附重金属离子,通过吸附动力学拟合试验以及动态过滤穿透曲线验证材料的吸附性能。在独立的净水单元内,通过响应面试验等对试验条件进行探究,探讨不同溶液pH值和干扰离子对吸附的影响。

吸附动力学试验表明,离子交换纤维对重金属离子的吸附动力学复合拟一级动力模型,吸附是以外扩散为主的快速吸附。吸附在100s左右时达到吸附平衡状态,对四种离子的平衡吸附量均为5mg/g左右。通过托马斯模型对单层材料进行了穿透试验,在130min达到穿透点,其中对Cd(Ⅱ)的吸附效率最高,拟合的相关系数均在0.99以上。

通过使用小型净水单元进行的多元素过滤试验表明,在低流速和多层数下的过滤效果最好。考虑过滤效率和压力的升高,确定了限值最高流速40mL/min、最多层数40层。通过响应面试验,验证了流速和填充层数对吸附具有显著性影响,并模拟了两个变量的响应面,为了使过滤效率最大化,选择组合为流速30mL/min、填充材料24层。连续性过滤和干扰离子试验表明,材料具有可观的吸附量,具有抗干扰能力并能在高强度过滤下出水浓度达到饮用水标准。pH值对试验影响确定了最佳的pH值范围为4~6时吸附的效率最高。

2.3 废水中微量重金属的吸附研究

根据废水中的重金属含量,选择阴离子交换纤维和阳离子交换纤维将浸出液过滤,去除浸出液中含有的金属离子,结果见表2-8。

钢渣浸出液中金属离子含量(mg/L)　　　　　表2-8

溶液	钢渣	Co	Ni	Cu	Zn	Cd	Pb	Cr	As	Hg
二次水	1	0.01	0.024	0.943	0	0.002	0.028	0	0.005	0
	2	0.021	0.116	0.743	0	0.002	0.133	0	0.02	0
	3	0.013	0.318	0.612	0	0.001	0.141	0	0.072	0
	4	0.024	0.716	0.518	0	0.002	0.147	0	0.095	0
pH=4.7 酸雨	1	0.011	0	0.248	0	0	0.02	0.308	0.989	0
	2	0.04	0.005	0.317	0	0	0.02	0.411	1.217	0
	3	0.034	0.009	0.458	0	0	0.024	0.512	1.35	0
	4	0.041	0.011	0.514	0	0	0.031	0.681	1.813	0
pH=5.6 酸雨	1	0.008	0.096	0.16	0	0	0.034	0.371	0.966	0
	2	0.038	0.105	0.236	0	0	0.016	0.472	1.211	0
	3	0.041	0.112	0.333	0	0	0.005	0.686	1.781	0
	4	0.043	0.131	0.452	0	0	0.011	0.783	1.987	0

从表中数据可以看出,经过阴阳离子交换纤维过滤后的浸出物金属离子含量明显降低,表明离子交换纤维可去除浸出液中部分金属离子。为防止浸出液中浸出离子超出规定,可采用在底部铺设阴阳离子交换纤维的方法来降低在降雨或潮湿环境下钢渣浸出液中金属离子对周围环境造成的影响。

第3章 钢渣全组分绿色加工技术

大规模的公路建设与养护工程,使我国诸多地区天然优质石料的供应缺口不断扩大。高品质钢渣集料生产技术的应用缓解了公路建设中优质天然集料严重匮乏、价格偏高的现状,使钢渣实现巨大的增值。本章对钢渣尾渣的性能和钢渣破碎、筛分、分级等工艺进行了系统分析,有利于高品质钢渣集料的稳定生产。

3.1 钢渣的产生及处理工艺

炼钢过程一般是通过控制钢渣来进行的。造渣程序是否适当,对钢水中杂质的去除速度和程度有很大的影响,对冶炼时间和炉体寿命也有一定的影响。简而言之,钢渣是由炼钢过程中残留的助熔剂与氧化物烧结,然后与铁、铝、镁等金属元素反应形成的聚合物。钢铁冶炼过程中,需要不断去除铁水中的杂质,如碳、硫、磷等,炼钢通常是分三步来逐渐对铁水进行"提纯"的。铁矿石、石灰石与其他一些助熔剂首先会被加入高炉中加热、升温,与此同时,炉内会发生剧烈的物理、化学反应。在炉内熔池温度较低时,碳的氧化并不剧烈,而石灰石等助熔剂并未完全熔解,因此此时形成的渣有非常低含量的氧化钙。这种渣被称为初期渣,它由含量较高的氧化铁和氧化硅组成。由于这两种成分会增加物质的酸度,因此很容易侵蚀熔池炉壁,初期渣必须及时排出炉,有助于提高钢渣的碱度、减少助熔剂用量、去除硫磷等杂质。经过高炉炼制的生铁水会进入下一步冶炼环节,转炉或电炉炼制。转炉冶炼即将生铁水和助熔剂等混合加入熔池中,随后将高压氧气注入熔池,氧气与铁水中的杂质单质(包括碳、硅、镁、磷及部分铁等)氧化结合形成复杂的氧化物,达到进一步去除杂质的目的。这些氧化物与残留的白云石、石灰石等物质结合,形成转炉钢渣。电炉冶炼的原料主要是废钢块,一般电炉里配置有3个石墨电极,电流通过电极时,产生高压电弧,将废钢块熔化。与此同时,一些含铁的合金也需要加入炉中以保证成渣必要的化学成分,氧气也在冶炼的同时吹入炉中用以除杂。炼钢的最后一步是将从转炉或电炉提炼的钢水运输至钢包炉以进行最后的精炼,由此产生的钢渣称为包钢渣。

由于钢渣密度普遍比钢水小,所以在高温熔炉中,钢渣水飘浮于钢水之上。出炉后操作工利用这样的特性,将自然分离的钢渣水与钢水通过不同的排放口排出。排出的熔融钢渣会在自然环境下经急剧放热后冷却,形成堆积的钢渣块。在此过程中钢渣会"炸裂"并与自然环境中的水分接触发生剧烈的反应,对周边设施及环境造成很大的威胁。为了迅速使钢渣冷却,各钢厂采用了不同的冷却措施,主要有自然冷却法、水淬法和风淬法及池式热闷法等。

目前,中国宝武钢铁集团采用渣箱热泼法来生产钢渣。方法是起重机吊起渣罐向敞开式渣箱泼渣,每泼完一罐渣后,适量均匀喷水冷却,然后同样作业泼第二罐、第三罐渣。每个渣箱可容纳50至70炉的转炉渣。渣箱泼满后,集中再喷大量冷却水。渣箱底部有滤水层,可将未蒸发的残留水排出渣箱。待钢渣冷却至100℃以下,用装载机将钢渣铲起,装车运走。一般设同样渣箱若干,分别用于泼渣、冷却、清渣和备用。该项技术的工艺原理与浅盘水淬法一样,粒化效果≤300mm,处理设备较少,操作简便;缺点是污水、蒸汽、粉尘直接排放,尤其是清渣作业,渣箱中层温度远远超过100℃,蒸汽、粉尘四溢,作业环境恶劣。

中国宝武钢铁集团也采用浅盘法来冷却钢渣。该浅盘法工艺引自日本新日铁公司。采用浅盘法工艺进行冷却时,可用水将钢渣强制快速冷却,处理时间短,每炉渣1.5~2.5h即可处理结束;处理能力大,整个过程采用喷水和水池浸泡,减少了粉尘污染。经3次冷却后,大大减少了渣中矿物组成、游离氧化钙和氧化镁等所造成的体积膨胀,改善了钢渣的稳定性,处理后钢渣粒度小而均匀,可减少后段破碎筛分加工工序。采用分段水冷处理,蒸汽可自由扩散,操作安全,整个处理工序紧凑,采用遥控操作和监视系统,劳动条件好。但采用浅盘法冷却钢渣要经过3次水冷,蒸汽产生量较大,对厂房和设备有腐蚀作用,对起重机寿命有影响;另外,浅盘消耗量大,运行成本较高。

钢渣在冷却过程中,其内部含有的一些活性矿物会随着温度而发生结构的转化。钢渣中含有的硅酸三钙在1250℃附近时开始分解成 α 型硅酸二钙(α-C_2S)和氧化钙(CaO)。由于 α-C_2S 是一种不稳定的结构,它的结构会迅速转变为 β-C_2S,其密度约为 $3.2g/cm^3$。在温度降至675℃时 β-C_2S 又会转变成惰性的 γ-C_2S,其密度约为 $2.9g/cm^3$。因此,在这个温度区域,由于物质密度的变化,会产生约10%的体积膨胀。此时随着氧化钙遇水膨胀,大块的钢渣便会"炸裂",形成小颗粒的钢渣。完全冷却的钢渣夹带着一部分的铁,因此为了最大限度地回收金属元素、提高炼钢效益,需要对钢渣进行磁法选铁以使钢渣中的铁含量降至2%以下。此时的钢渣通常也被称作"钢渣尾渣"。经过磁选的钢渣的自然级配通常为:粒径大于50mm的相对密度约为36%;粒径介于50mm与5mm之间的相对密度约为40%;小于5mm约占22%。因此,钢渣在磁选后需要进行进一步破碎、加工,以满足相应的领域对原材料的要求。

3.2 钢渣预处理工艺

预处理的任务是把转炉排出的热熔渣处理成粒径小于80mm的常温块渣,目前钢铁厂中的钢渣工艺主要是热闷工艺和热泼工艺。热闷工艺的处理方法如下:以罐式热闷法为例,将熔融态钢渣冷却至300~400℃,倒入闷罐并扣上罐盖,罐盖下方设置有旋转喷水装置,间断地对热渣进行喷水处理。由于温度较高,罐内产生大量蒸汽,钢渣与水分及蒸汽发生一系列的反应而淬裂,如 f-CaO、f-MgO 水化膨胀等。热闷处理时间约为10h,经过热闷处理的钢渣块度可小于80mm。热闷完毕后开盖,用挖掘机挖出破碎后的钢渣进入钢渣深加工。其生产工艺流程见图3-1,热闷车间的现场生产情况见图3-2。

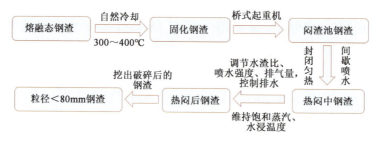

图 3-1 钢渣热闷处理工艺

图 3-2 钢渣热闷处理车间

钢厂热泼法的处理工艺如下:渣罐将液态钢渣运送至热泼厂区,分层泼洒于渣床上,渣床坡度为3%~5%;待不超过30cm的渣层冷却为渣饼后,喷水使其急速冷却而裂解,再在其上泼洒第二层,如此往复。相比于自然冷却,采用此方法可将钢渣冷却速度提高30倍以上,热泼钢渣现场分层泼洒情况见图3-3。

图3-3 热泼钢渣现场分层泼洒

3.3 钢渣绿色深加工工艺

钢渣深加工工艺的目的是把预处理后的钢渣转变为钢渣集料,主要包括破碎、筛分和磁选处理工艺。从钢渣原材料属性可以看出,钢渣物理化学性质稳定、硬度大,非常适合作为公路工程用集料。但也正因为钢渣硬度大,且钢渣内部存在较多的解理面,传统石料的破碎方式会使钢渣集料针片状含量超过22%,不符合高速公路用集料的要求。同时钢渣静电常数与天然石料(如玄武岩、辉绿岩等)不同,钢渣冷却后其粉化粉末容易黏附于钢渣表面,造成钢渣集料含泥量偏大。因此选用合适的清洗设施,才能保证钢渣集料的清洁度。

3.3.1 钢渣集料规格及性能不稳定因素分析

传统的石料破碎仅采用颚式破碎机进行一级破碎,工艺流程见图3-4。钢渣经给料机运输到颚式破碎机进行破碎,破碎完之后的钢渣经过磁选,除去其中含铁较多的渣块,再直接经过振动筛筛分,分级成为不同粒径的钢渣。

加工工艺对钢渣规格及性能有直接的影响。传统工艺破碎及筛分设备单一是造成钢渣集料规格稳定性差的主要原因。炼钢过程中,使用的原材料多种多样,随着各种资源的匮乏,许多低品位原材料也需要使用;另外即使是来自同一地区的原材料随批次的不同,成分也会有区别。钢渣作为炼钢过程中的伴生产物,其成分也会因此而复杂多变,致使不同批次、不同部位钢渣抗冲击破坏能力各不相同。因此采用单一设备破碎,一方面很难获得各种规格的钢渣集料,容易产生断档的情况;另一方面因为钢渣脆硬性时刻在变化致使破碎出的钢渣集料规格不稳定。因钢渣块时而易破碎、时而难破碎,有的钢渣块含易破碎的部分多,有的则少,造成钢渣集料的产出量很不稳定,在很大一个范围内变化。这使得振动筛的工作负荷时重时轻,难以使各种规格的钢渣集料实现快速分离,造成各料档规格不稳定并且伴有混料现象。

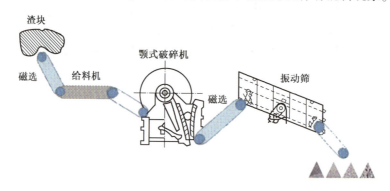

图 3-4 传统的钢渣集料生产工艺

钢渣集料规格不稳定与钢渣集料力学性能不稳定相对应,钢渣破碎规格与其耐冲击破坏的能力有关,不同规格的集料力学性能不同,集料规格变异性易引起集料力学性能的不稳定。对内蒙古地区颚式破碎机破碎的钢渣某一料堆不同位置取料测试压碎值,结果见图 3-5,即便是同一料堆不同部位的钢渣集料压碎值相差都很大,性能不稳定。磁选主要是为了回收渣块中的含铁部分提高经济效益,上述磁选工艺设置简单,处理量大时难以保证高效除去含铁较多的渣块。一方面造成铁资源的浪费,经济效益降低;另一方面使得破碎的钢渣成品含有一定数量的铁,其作为集料使用时遇水会产生锈蚀,降低了钢渣集料的使用性能并带来安全问题。

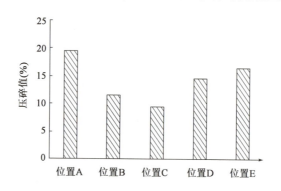

图 3-5 同一料堆不同部位钢渣压碎值测试结果

传统钢渣破碎生产线更为简单,渣块经过磁选、颚式破碎机破碎后直接成为成品,不进行二次磁选也不进行筛分,用户使用时还需要对其进行深加工。部分工厂缺乏将粗细集料分离的设备,钢渣粗颗粒表面裹覆了一层很厚的细颗粒(细钢渣、污泥等),在潮湿环境下,这层细颗粒与钢渣表面发生胶结难以去除。这样使得钢渣集料棱角性发生了显著改变,表面多数成椭圆形、棱角丧失(图3-6),将其作为粗集料使用时,不利于粗集料颗粒间形成嵌挤结构。钢渣传统生产工艺及生产线图3-7。

a)裹覆细颗粒表面　　　　　　　　b)洁净料表面

图3-6　钢渣表面胶结与表面洁净对比图

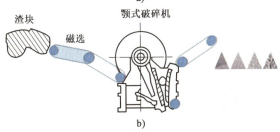

图3-7　钢渣传统生产工艺及生产线

3.3.2　钢渣破碎设备及组合配置

1)破碎设备介绍

目前路用集料生产主要采用颚式破碎机、反击式破碎机和圆锥破碎机等设备。

(1)颚式破碎机。

颚式破碎机最早出现于1858年,美国将其应用于筑路工程。经过漫长的发展,现在的颚

式破碎机具有多种驱动和结构形式,仍然是现代破碎作业中最为常见的设备,被广泛用于物料的粗碎和中碎作业中。其具有以下优点:

①破碎腔深而且无死区,提高了进料能力与产量;

②结构非常紧凑占地面积相对较小,设备简单、制造成本低、易于维护;

③破碎比大,适应性强,适用于不同环境下的破碎作业等。

从经济上考虑,颚式破碎机维修方便、成本低、生产效率高。颚式破碎机外观及剖面图见图3-8。

a)外观　　　　　　　　b)剖面图

图3-8　颚式破碎机

(2)反击式破碎机。

反击式破碎机利用高速旋转的转子上的板锤对送入破碎腔内的物料产生高速冲击进行破碎,且使已破碎的物料沿切线方向以高速抛向破碎腔另一端的反击板,再次被破碎,然后又从反击板反弹到板锤继续重复上述过程。在往返途中物料间还有互相撞击作用。由于物料受到板锤的打击与反击板的冲击及物料相互之间的碰撞,使物料不断产生裂缝进而松散直至粉碎。反击式破碎机外观及剖面图见图3-9。反击式破碎机在破碎作业中损耗很快,部件需要经常更换,因此更不适合作为初碎设备。

 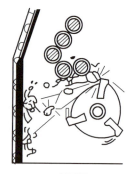

a)外观　　　　　　　　b)剖面图

图3-9　反击式破碎机

(3)圆锥破碎机。

圆锥破碎机在工作时,电动机通过弹性联轴器、传动轴和一对锥齿轮带动偏心轴套转动,破碎圆锥轴心线在偏心轴套的迫动下做旋摆运动,使破碎壁时而靠近,时而远离,矿石在破碎腔内不断地受到挤压、撞击而破碎。圆锥破碎机外观及剖面图见图3-10。圆锥破碎机常用于物料的中碎和细碎过程,具有工作平稳、破碎比大、生产率高、产品粒度均匀、粒形较好的优点,且产品中超粒度颗粒含量较少。

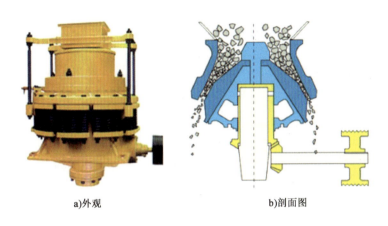

a)外观　　　　　　b)剖面图

图3-10　圆锥破碎机

2)不同破碎设备变异性分析

为了保证碎石的规格、粒形等,多数集料加工企业都采用多级破碎,极少企业采用一级破碎工艺生产路用集料。为进一步明确不同破碎设备的变异性,试验室研究了单独设备破碎钢渣时钢渣集料的变异性。分别采用颚式破碎机、反击式破碎机、圆锥破碎机对钢渣进行破碎,对多批次钢渣粗集料(粒度大于10mm)进行抽检筛分。结果见图3-11、图3-12和图3-13。

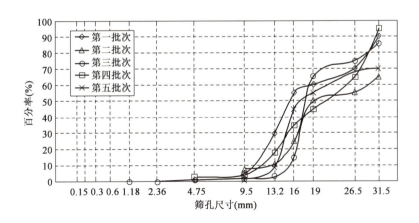

图3-11　颚式破碎机破碎钢渣

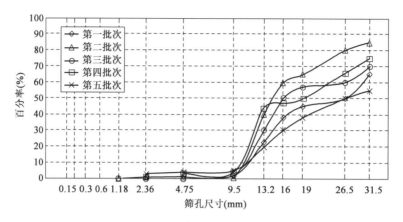

图 3-12 反击式破碎机破碎钢渣

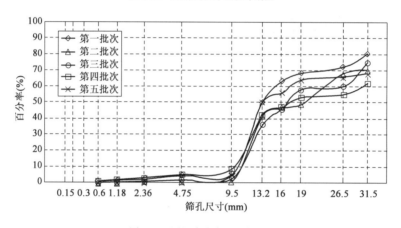

图 3-13 圆锥式破碎机破碎钢渣

由大样本筛分结果可以看出,同一设备破碎的钢渣多次筛分结果吻合度很差,尤其是单独采用颚式破碎机和反击式破碎机时,圆锥破碎机要比这两者破碎效果好一些。结果说明单独使用颚式破碎机、反击式破碎机或圆锥破碎机,达不到生产稳定规格钢渣集料的目的。

3) 组合破碎设备变异性分析

多数企业在破碎钢渣时都选用了颚式破碎机,对于大尺寸渣块来说,选用颚式破碎机对其进行初碎具有显著优势。对于钢渣来说,通过颚式破碎机动颚的挤压,钢渣块的脆性或者软弱区域(不抗冲击)大部分变成细颗粒,这样保证了经过后续工艺后获得的钢渣集料的质量。因此颚式破碎机可作为钢渣的初碎设备。

钢渣经过颚式破碎机初碎后,大部分脆性、不抗冲击部分变成细颗粒,剩余大颗粒则硬度较大,反击式破碎机的部件损耗会比较严重。试验室采用小型反击式破碎机破碎钢渣的效果证明了这一点,因此不适合选用反击式破碎机来破碎钢渣。

圆锥破碎机是目前比较提倡用于钢渣细碎的设备,主要原因是通过圆锥的挤压,脆性或不抗冲击部分会进一步被挤压成细颗粒,从而与硬度大的部分进一步分离。另外硬度大的部分抗压强度为300MPa左右,莫氏硬度为6~7,对于圆锥破碎机来说属于中等硬度物质,易于破碎,因此硬度大的部分在圆锥的挤压下也会裂成不同粒径的钢渣集料。硬度大的部分抗冲击破坏能力比较稳定,这样使得破碎产生的钢渣粗集料规格稳定性会得到很大提高,钢渣中的钢铁成分是韧性的、具有压延性,在圆锥的旋转扭摆挤压下,钢渣中的小钢块被轧扁,从而实现钢与渣的有效分离,所以圆锥破碎机可以实现钢渣的选择性破碎。

通过对破碎设备的分析并结合钢渣的特性,拟采用颚式破碎机初碎、圆锥破碎机细碎的组合方式对钢渣进行破碎。在试验室开展了小型颚式破碎机、圆锥破碎机组合破碎钢渣的研究。将破碎获得的产品筛除小颗粒(粒径<10mm),对粗颗粒钢渣规格稳定性进行分析,选取3个批次的钢渣进行分析,并与颚式破碎机生产线生产的钢渣粗集料(粒径>10mm)筛分结果进行对比。原颚式破碎机生产线生产的钢渣集料规格分析见图3-14,颚式破碎机和圆锥破碎机试验室组合破碎的钢渣规格分析见图3-15。结果表明,采用颚式破碎机与圆锥破碎机组合的方式对钢渣进行破碎时,钢渣集料粗颗粒规格稳定性显著提高,证明圆锥破碎机用于破碎钢渣的适用性高。

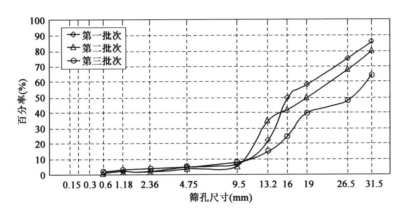

图3-14 原颚式破碎机生产线生产的钢渣筛分结果

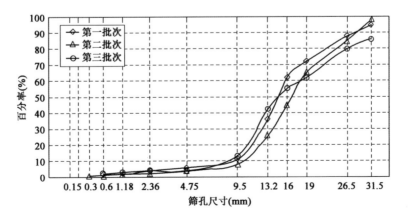

图3-15 颚式破碎机与圆锥破碎机试验室组合破碎的钢渣筛分结果

3.3.3 钢渣筛分设备及工艺

通常石料破碎均采用先破碎、再筛分的工艺进行,典型的石料破碎生产工艺见图3-16,先经过颚式破碎机进行一级破碎,再经反击式破碎机进行二次破碎,最后由圆振筛进行筛分。本研究中拟采用破碎设备与筛分设备组合的形式进行,钢渣先经过振动筛去除本身所含的细颗粒(粒径<10mm),再经过颚式破碎机进行初破后进入圆锥破碎机进行细碎,经圆锥破碎机细碎后的钢渣集料再次经振动筛去除细颗粒(粒径<10mm)后进入集料除尘阶段。最后经振动筛筛分,分级成不同规格的钢渣集料。采用多级筛分有以下几个优点:

(1)有效提高了颚式破碎机和圆锥破碎机的工作效率,钢渣粗集料产量显著提高;

(2)细颗粒部分及时与粗集料分离,减轻了后续工艺中振动筛的工作负担,保证不同规格的钢渣能有效筛分开,提高了钢渣集料规格稳定性;

(3)细颗粒及时去除,减轻了集料除尘阶段的工作量,由此大大提高了除尘效率。

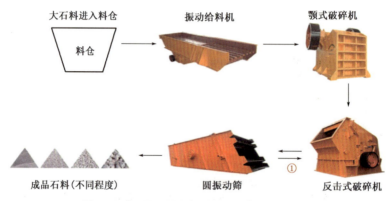

图3-16 典型的石料破碎生产工艺(①代表返料带)

3.3.4 钢渣绿色水洗-除尘-沉淀工艺

钢渣集料表面裹覆的细颗粒长时间存放后难以去除,改变了钢渣集料的表面形貌。钢渣的矿物成分中含有硅酸三钙(C_3S)和硅酸二钙(C_2S),硅酸盐矿物在潮湿环境下可以水化,细颗粒在钢渣集料表面的胶结主要由硅酸盐矿物水化引起。硅酸盐矿物水化产生$Ca(OH)_2$和C—S—H凝胶,C—S—H凝胶具有胶凝性,使得水化产物胶结在钢渣表面,胶结程度随时间的延长而增加。因此裹覆在钢渣表面的细粉应及时去除,这样可以保证钢渣集料有较好的棱角性。

采用水洗法清洁钢渣表面的同时随水流带走粉尘,污水进入沉淀池过滤粉尘,沉淀池分五级沉淀,沉淀池中的水可经高压水泵后再次循环利用,沉淀池中的污泥经铲车运输到相关污泥处理厂区。钢渣沉淀池见图3-17。

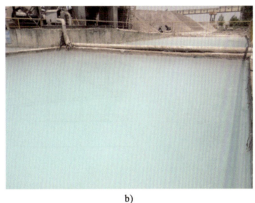

a)　　　　　　　　　　　　　　b)

图 3-17　厂区中的钢渣沉淀池

3.4　钢渣全组分绿色加工生产线工艺

通过以上分析,钢渣集料加工生产线,包括磁选机、给料机、对辊破碎机、圆锥破碎机、振动筛、皮带输送机和回料皮带输送机。钢渣生产线最终设计工艺包括以下步骤:

(1) 将陈化至稳定的钢渣原料进行筛分,筛除原料中的泥块和小粒径片料;
(2) 对钢渣原料进行磁选去铁;
(3) 对钢渣原料进行二级破碎;
(4) 对每级破碎后的钢渣进行磁选去铁;
(5) 破碎后的钢渣经振动筛,筛除破碎后 4.75mm 以下的部分(0~5mm);
(6) 4.75mm 以上部分经振动筛分级得到各档钢渣集料粗产品;
(7) 对各档钢渣集料粗产品进行高压水洗清洁表面;
(8) 通过五级沉淀池对冲洗水进行循环利用;
(9) 最后粒径超出要求的尾渣,经过回料传送带重新投入给料口进行再次破碎。

出料口场地必须采用水泥混凝土硬化,并设置 2% 坡度,使振动筛出水和筛分后集料带出的水能流出场地。场地周围应设置排水沟,汇集冲洗污水流入沉淀池,有效防止污水四处漫流。钢渣集料生产线水洗筛分系统见图 3-18。

步骤(8)中的五级沉淀池尺寸应根据破碎机生产能力设置,第一、二、三级沉淀池可以采取相同尺寸依次序排列,并逐次降低出水口高度,有效沉淀冲洗水中污泥;第四级沉淀池的尺寸应根据第三级沉淀池的水流入量及流出至第五级沉淀池的水量设置;第五级沉淀池的尺寸应根据高压水泵负荷工作每小时抽水量、第四级沉淀池的水流入量及新水补给量确定。表 3-1 为生产能力 100t/h 生产线的五级沉淀池尺寸建议值。

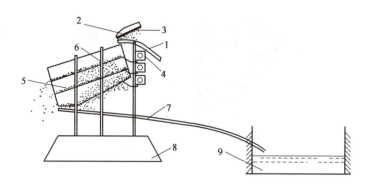

图 3-18　钢渣集料生产线水洗筛分系统

1-溜槽;2-进料口;3-预筛网;4-振动马达;5-振动筛网;6-高压喷嘴;7-导水槽;8-基座;9-一级沉淀池

生产能力 100t/h 生产线的五级沉淀池尺寸建议值(m)　　表 3-1

第一、二、三级沉淀池			第四级沉淀池			第五级沉淀池		
长	宽	深	长	宽	深	长	宽	深
4	4	3.5	5	6	2.5	10	8	2

沉淀池池底及四壁应设置防水层,防止水渗透,浪费水资源。在第三级和第五级沉淀池旁分别设置石灰池,第三级沉淀池旁石灰池 pH 值范围采用 9~11,第五级沉淀池旁石灰池 pH 值范围采用 8~10。

带式传输机带速范围为 0.8~1.6m/s,生产上应综合考虑预期产量、破碎效率、筛分效率等因素来定值。建议值为:给料-破碎段 0.8m/s,破碎-筛分段 0.8m/s,回料传输段 1.0m/s。

初试生产的钢渣集料见图 3-19,可以看出钢渣集料粒度均匀、表面清洁。

a)9.5~16mm集料　　　　　　　　　　b)4.75~9.5mm集料

图 3-19　钢渣集料

对制备的钢渣集料进行半年的陈化作用研究,将钢渣进行筛分后,置于自然环境下陈化半年后,再次进行筛分。各粒径筛孔筛上陈化前后的钢渣质量见表 3-2。

陈化前后钢渣集料筛上质量　　　　　　　　　　表 3-2

筛孔粒径(mm)	钢渣原样(g)	陈化半年钢渣(g)	质量变化(g)
16	0	0	0
9.5	386	369	-17
4.75	703	672	-31
2.36	765	706	-59
1.18	358	286	-72
≤1.18	288	467	+179

由上表可知,当钢渣粒径越小,其粉化现象越显著,这也说明了粒径与钢渣集料的稳定性存在一定的相关性。

第4章 钢渣集料性能分析

钢渣产生于高温蒸压环境,其外观、组成、表面构造相对于天然岩石并不相同。钢渣用作沥青混合料的集料时,不仅需要满足现有规范中的路用集料要求,更需要采用先进适用的测试手段研究钢渣应用时与集料相关的各项性质,以保证钢渣应用的安全性与适用性。本章对钢渣集料外观、组成、物理特性、化学特性等进行了系统分析,进一步明确了高品质钢渣集料基本性能。

4.1 外 观

生产线破碎得到的五种粒径热闷钢渣的宏观外貌见图4-1。从图中可以看出每档钢渣粒度均匀、质地坚硬,粗颗粒钢渣表面的孔隙较少。

a)16～19mm　　b)10～16mm　　c)5～10mm　　d)3～5mm　　e)0～3mm

图4-1 不同粒径钢渣宏观外貌

图4-2是钢渣剖开面的形貌。图4-2a)显示了钢渣内部存在明显的解理面。因为两种组分不同的物质结合在一起,所以钢渣很容易从这样的解理面破碎。图4-2b)展示了除了致密的部分,钢渣也存在着"囊状"的结构。产生这种结构主要是因为钢渣在冷却过程中,液态水转化为水蒸气,体积瞬间增加1500倍以上,从而在液态钢渣中形成丰富的气泡结构。另外钢渣的冷却速度及冷却方式也会导致这种结构的产生。利用类似于水泥生产工业的"极冷法"有助于减少囊状结构的产生。这种囊状结构由于力学性能较差,会对沥青混合料的性能造成一定的影响。而且钢渣大量内部空隙会导致最佳沥青用量的增加,降低沥青混合料的经济性。

第 4 章 钢渣集料性能分析

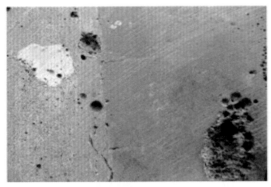
a)钢渣内部的解理面

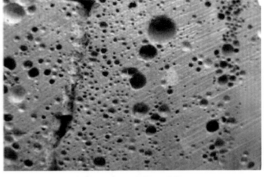
b)钢渣中的"囊状"结构

图 4-2 钢渣剖开面形貌及内部解理特征

4.2 规格变异性

钢渣集料的规格变异性是指不同条件下钢渣集料不同粒径含量变化特性。对不同批次钢渣集料抽样筛分结果见图 4-3 和图 4-4。由结果可以看出,各料档的筛分结果吻合较好,说明钢渣规格稳定性与传统颚式破碎机生产的钢渣集料相比有显著改善,采用多级破碎的改进工艺可实现生产粒度可控的钢渣集料的目的。

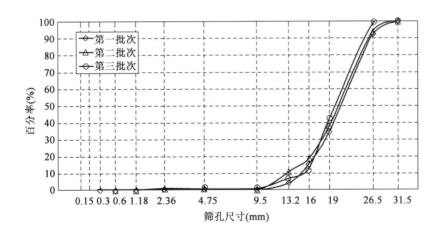

图 4-3 钢渣集料第一次筛分结果

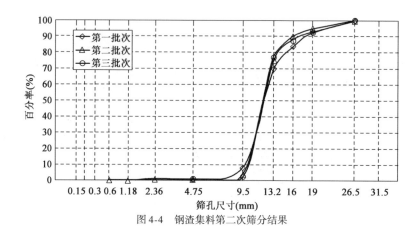

图 4-4 钢渣集料第二次筛分结果

4.3 基本路用性能指标

路用集料性能指标检测的内容包括表观相对密度、洛杉矶磨耗、吸水率、坚固性、针片状含量、压碎值、粉尘(泥)含量等。其检测遵照《公路工程集料试验规程》(JTG E42—2005)和《公路工程沥青及沥青混合料试验规程》(JTG E20—2011)规定执行,钢渣沥青混凝土路用性能指标应满足《公路沥青路面施工技术规范》(JTG F40—2004)相关规定。检测结果如表4-1所示。

钢渣沥青混凝土路用性能检测结果　　　　表 4-1

试验项目		试验结果	技术要求	试验规程
粒径	19~26.5mm 表观相对密度	3.723	≥2.9	T 0304
	19~26.5mm 毛体积相对密度	3.658	—	
	19~26.5mm 吸水率(%)	0.48	≤3.0	
	16~19mm 表观相对密度	3.742	≥2.9	
	16~19mm 毛体积相对密度	3.671	—	
	16~19mm 吸水率(%)	0.51	≤3.0	
	9.5~16mm 表观相对密度	3.888	≥2.9	
	9.5~16mm 毛体积相对密度	3.802	—	
	9.5~16mm 吸水率(%)	0.58	≤3.0	
	4.75~9.5mm 表观相对密度	3.817	≥2.9	
	4.75~9.5mm 毛体积相对密度	3.711	—	
	4.75~9.5mm 吸水率(%)	0.75	≤3.0	
	0~4.75mm 表观相对密度	3.552	≥2.9	
	0~4.75mm 吸水率(%)	2.9	—	
压碎值(%)		10.3	≤26	T 0316
洛杉矶磨耗值(%)		8.5	≤28	T 0317

续上表

试验项目		试验结果	技术要求	试验规程
针片状含量(%)	4.75~9.5mm	10.1	≤18	T 0312
	>9.5mm	6.7	≤12	
黏附性等级(级)		5	≥5	T 0616
坚固性(%)		0.8	≤12	T 0314
软石含量(%)		0.2	≤3	T 0320
磨光值(PSV)		46.7	≥42	T 0321
浸水膨胀率(%)		0.4	≤2	T 0348

由表 4-1 结果可以看出,采用本工艺生产的钢渣集料各项指标均满足要求,并且压碎值、洛杉矶磨耗值比规范限定的极限要小得多,说明钢渣集料耐磨耗、力学性能好。

4.4 化学组成

集料的化学组成主要是由 X 射线荧光光谱仪(XRF)得到。虽然钢渣的化学成分受原矿石、生产工艺的影响波动极大,但其元素含量具有一定的规律性。表 4-2 显示钢渣的化学组成与天然石料(如石灰石、玄武岩等)有很大的不同。钢渣中含量最多的元素是 Ca 元素,这与炼钢工艺有较大的关系。其次是 Fe、Si 和 Mg 元素。

钢渣与天然石料的化学组成(质量比,%)　　表 4-2

组成	MgO	Al_2O_3	SiO_2	P_2O_5	CaO	MnO	Fe_2O_3	LoI	其他
转炉钢渣	5.19	3.25	19.24	1.41	42.70	1.77	24.55	0.32	1.52
石灰石	1.74	0.30	14.55	1.02	46.80	4.30	0.20	1.02	30.1
玄武岩	5.59	18.3	58.09	0.97	7.14	3.32	0.50	0.69	5.40

4.5 表面微观形貌

图 4-5 显示的是钢渣分别在 500 倍和 5000 倍下的扫描电镜图像。钢渣表面呈现多孔特性,这种丰富的孔隙结构易吸收大量的水和沥青,钢渣表面附着的粉末是钢渣在生产、存储运输过程中夹杂的杂质。

a)500倍扫描电镜图　　　　　　　　　b)5000倍扫描电镜图

图 4-5　钢渣的微观表面形貌

4.6　矿物组成

通过对钢渣的宏观及微观结构进行观察,发现钢渣的囊状结构是普遍存在的。钢渣在冷却过程中受到水蒸气的干扰,导致这种结构的变化可能伴随着物质成分的变化。因此,对钢渣集料致密部分和囊状部分分别取样,采用 XRD 对其矿物组成进行分析,得到的结果见图 4-6 与图 4-7。

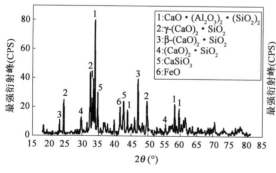
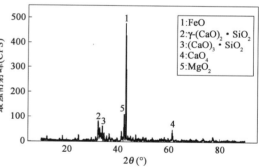

图 4-6　钢渣致密部分的物相 XRD 分析结果　　　图 4-7　钢渣囊状部分的物相 XRD 分析结果

钢渣致密部分的 XRD 衍射图谱中,最强衍射峰位于 $2\theta=33.86°$ 处。这代表钙铝硅酸盐 $[CaO·(Al_2O_3)_2·(SiO_2)_2]$ 的存在。第二、第三强峰则分别代表了 $\gamma\text{-}(CaO)_2·SiO_2(\gamma\text{-}C_2S)$ 和 $\beta\text{-}(CaO)_2·SiO_2(\beta\text{-}C_2S)$。$(CaO)_3·SiO_2(C_3S)$ 的衍射峰较弱,说明其在钢渣中的含量较少。而 C_3S 在缓慢冷却时极不稳定,容易生成 $(CaO)_2·SiO_2(C_2S)$ 结构。另外,致密钢渣中还含有一些硅酸钙($CaSiO_3$)和氧化铁(FeO)。

钢渣囊状部分的物相 XRD 衍射图谱中,最强衍射峰位于 $2\theta=43.17°$ 处。这是 FeO 的特征峰,也是普遍存在于钢渣里的固熔相形式之一。没有发现β-C_2S的存在,这可能是β-C_2S的含量不足所导致的。有一定量γ-C_2S存在于其中,另外其中含有一部分的氧化钙(CaO),氧化镁(MgO_2)等物质,但含量较稀少。

熔融的钢渣液体在冷却速度较慢时更易转变为囊状的结构,这是因为其中的矿物质β-C_2S在自然冷却,而冷却速度较慢时,会慢慢转变为γ-C_2S,因而难以探测到β-C_2S的存在。另外水蒸气的膨胀,更容易对缓慢凝固的钢渣产生结构影响。而如果冷却速度较快,钢渣迅速变成坚硬的固体,这时水蒸气更倾向于从钢渣的裂缝中散逸出来。

4.7 维氏硬度

维氏硬度是用来表示材料硬度的一种方法。经过磁选的钢渣中的金属含量一般低于2%,失去这些金属物质的支撑,钢渣的硬度会有一定的下降,但较多含量的硅酸盐物质仍赋予其较好的硬度。当钢渣作为集料应用于沥青路面时,其硬度指标便十分重要,钢渣的压碎值是14.6%,磨耗值是12.9%。在公路工程所用的集料中,钢渣的这两个指标是比较优秀的,但压碎值与磨耗值更倾向于反映集料受到力冲击时的抗压抗磨能力,而单纯确定集料硬度较好的办法,是采用维氏硬度计进行检测。

钢渣中含玻璃相的浅色和深色中间相的硬度最高,其次是C_2S和C_3S,最低的是粉化区。钢渣是一种熔融体,因为硅酸二钙的晶形转变粉化成粉状,而且由于内部晶形转变引起的内应力不同,晶型也不完全相同,所以不同成分、晶型、热历史的钢渣硬度是有区别的。由于钢渣硬度测定的总体样本较大,因此随机选取几颗样本钢渣作为统计小样,并与常见石料作对比,以评估钢渣的硬度水平,如表4-3所示。

常见集料维氏硬度值(HV/MPa) 表4-3

钢渣	片麻岩	石灰岩	玄武岩
307.5	253.9	223.2	376.0
302.1	260.7	216.9	305.5
320.1	295.1	256.8	304.6
287.0	264.7	243.5	290.7

由于维氏硬度值的测量受到的影响因素较多,因此采集的数据并不能直观地看出哪种集料的硬度值最高。这里采用单因素方差分析来统计这些数据,显著性水平取0.01,分析结果见表4-4。可看出$F=9.706>F_{0.01}(3,12)=3.490$,因此得出这四种材料的硬度值有着显著的不同。再使用最小显著差数法(LSD)来确定哪种集料的硬度值最高。统计数据见表4-5。可以看出片麻岩与石灰岩、钢渣与片麻岩和玄武岩与钢渣之间的硬度值差别不显著。而其余

集料间的硬度有明显区别。玄武岩的硬度值最高,其次是钢渣,最低的是石灰岩。

集料硬度方差分析表　　　　　　　　　　　　　　　　表 4-4

变异来源	偏差平方和	自由度	方差	F 值	F 临界值	显著性
处理间	17018.107	3	5672.7023	9.7058482	0.0015687	极显著
处理内	7013.5475	12	584.46229	—	—	—
总变异	24031.654	15	—	—	—	—

集料硬度多重比较结果　　　　　　　　　　　　　　　表 4-5

集料	平均值			
	$\overline{x}_i$	$\overline{x}_i - 235.1$	$\overline{x}_i - 268.6$	$\overline{x}_i - 304.175$
玄武岩	319.2	84.1	50.6	15.025
钢渣	304.2	69.1	35.6	—
片麻岩	268.6	33.5	—	—
石灰岩	235.1	—	—	—

注:$LSD_{0.01}(12) = 52.225$,$LSD_{0.05}(12) = 37.250$。

4.8　游离氧化钙(f-CaO)含量

采用甘油乙醇溶解-苯甲酸无水乙醇溶液滴定法测试中国宝武钢铁集团钢渣中的 f-CaO(图 4-8)。具体测试过程:准确称取约 0.5g 钢渣试样,置于 150mL 干燥的锥形瓶中,加入 30mL 甘油无水乙醇溶液,摇匀。装上回流冷凝管,在有石棉网的电炉上加热煮沸 10min,至溶液呈红色时,取下锥形瓶,立即用苯甲酸无水乙醇标准溶液滴定至淡红色消失。然后再与冷凝管连接,继续加热至淡红色重新出现,再取下滴定。如此反复操作,直至加热 10min 后不再出现淡红色为止。0.075mm 筛下不同粒径钢渣粉外貌见图 4-9。

a)苯甲酸无水乙醇溶液浓度的标定　　　　b)钢渣样品中 f-CaO 的滴定

图 4-8　钢渣中 f-CaO 含量测试过程

图 4-9 0.075mm 筛下不同粒径钢渣粉外貌

$$\text{f-CaO}(\%) = T_{\text{CaO}} \times V_2 \times \frac{100}{G} \times 1000 \tag{4-1}$$

式中：T_{CaO}——每毫升苯甲酸标准溶液相当于氧化钙的毫升数，mg/mL；

V_2——滴定消耗苯甲酸无水乙醇标准溶液的总体积，mL；

G——试样的质量，g。

如表 4-6 所示，样本钢渣除了粒径 5~10mm f-CaO 含量高于 2%，其余 4 种粒径钢渣的 f-CaO 含量均低于 2%。但五种粒径钢渣 f-CaO 含量均满足《沥青混合料用钢渣》（JT/T 1086—2016）的技术要求（≤3%）。

钢渣 f-CaO 测试结果（$T_{\text{CaO}} = 5.209\text{mg/mL}$）   表 4-6

粒径 （mm）	组别	质量 （g）	消耗酸体积 （mL）	测试结果 （%）	f-CaO 含量平均值 （%）
0~3	第1组	0.497	1.6	1.677	1.878
	第2组	0.451	1.8	2.079	
3~5	第1组	0.449	1.4	1.624	1.501
	第2组	0.454	1.2	1.377	
5~10	第1组	0.512	1.9	1.933	2.242
	第2组	0.490	2.4	2.551	
10~16	第1组	0.471	1.1	1.217	1.270
	第2组	0.473	1.2	1.322	
16~19	第1组	0.444	1.5	1.760	1.707
	第2组	0.441	1.4	1.654	

本试验采用的样本钢渣均为陈化 1 年左右的热闷钢渣，为探究陈化时间对钢渣中 f-CaO 含量的影响，统一选定粒径 10~16mm 钢渣为研究对象，对新渣和陈化不同时间钢渣的 f-CaO 含量进行测试，其测试结果见表 4-7。由表可知，随着前期陈化时间的增大，钢渣中的 f-CaO 含

量降低的幅度较大,陈化时间达到6个月后,f-CaO含量随陈化时间延长而降低的趋势明显降低。新渣和陈化时间低于6个月的钢渣其f-CaO含量均高于3%,陈化6个月以上的钢渣其f-CaO含量满足规范要求。

不同陈化时间的钢渣的 f-CaO 含量　　　　　　　　　　　表4-7

陈化时间	f-CaO 含量（%）	陈化时间	f-CaO 含量（%）
0	4.173	6个月	1.991
1个月	3.576	1年	1.270
3个月	3.074	2年	1.125

4.9　pH 值

采用中华人民共和国行业标准《土壤中pH值的测定》(NY/T 1377—2007)对样本钢渣进行pH值测定。具体测试过程如下：

(1)取粒径3~5mm的钢渣洗净后在105℃下烘干至恒重作为待测样品。

(2)称取10.0g±0.1g钢渣试样置于50mL烧杯中,加入25mL(1mol/L)的KCl溶液,将容器密封后用振荡器或搅拌器剧烈振荡或搅拌5min,然后静置1~3h。

(3)采用pH试纸先测试溶液的大致pH值范围,再采用精密pH试纸多次测试溶液的pH值。

样本钢渣pH值测试过程示意图如图4-10所示,测试结果见表4-8。

 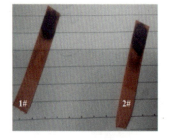 

a)钢渣的KCl溶液　　　　　b)钢渣的浸提剂的pH值　　　　　c)标准比色卡

图4-10　钢渣的pH值测试过程示意

样本钢渣的 pH 值　　　　　　　　　　　表4-8

组别	测试结果	pH 平均值
第1组	12.5	12.5
第2组	12.5	

4.10 表面粗糙度

采用 MFP-3D-SA 扫描探针显微镜（AFM）分析钢渣、安山岩和石灰岩界面的微观纹理特征，利用分形维数来描述表面各个点的不规则程度，以此表示集料的粗糙程度，同时结合其增变量对数曲线分析集料界面的形状和坡度。测试中采取 Tapping 模式对集料表面进行扫描，其扫描范围为 90μm，纳米级的分辨率准确地给出材料表面的三维坐标信息。图 4-11 展示了钢渣和两种天然集料的三维微观纹理，图像横向宽度为 20μm，纵向深度为 2.5μm。在横向宽度与纵向深度一致的情况下，钢渣的界面最为粗糙、丰富，安山岩次之，石灰岩最光滑。在不考虑集料的酸碱性时，丰富粗糙的界面纹理有助于增强沥青与集料的黏附性。

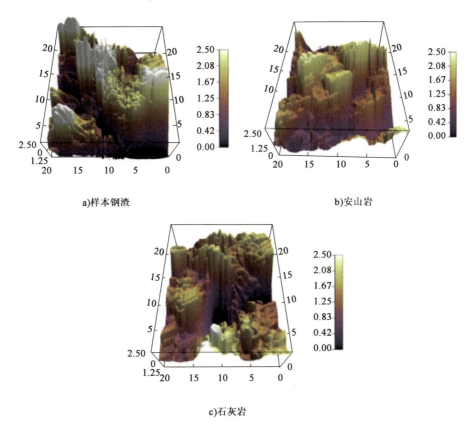

a) 样本钢渣   b) 安山岩

c) 石灰岩

图 4-11 集料的微观纹理 3D 示意图（单位：μm）

4.11 浸水膨胀率

按照《钢渣稳定性试验方法》（GB/T 24175—2009）中规定的钢渣稳定性试验方法对内蒙

古钢渣进行试验。首先按合成集料级配进行配料,在配制好的钢渣集料中掺加对应最佳含水率的用水量,装入膨胀率测定装置(图4-12)中,按规定步骤进行击实试验,得到密实的钢渣试模,在试模上安装百分表,最后将钢渣试模全部没入水位线合适的恒温水浴箱中。读取百分表的初始读数 d_0,然后进行90℃的水浴加热,并保持6h后停止加热,自然冷却,每天升温前记录百分表读数 d_i,依次进行10d。整体试验过程中模具应保持平稳,浸水膨胀率按照式(4-2)计算:

$$\gamma = \frac{d_i - d_0}{d_0} \times 100 \quad (4-2)$$

式中:γ——浸水膨胀率,%;

d_0——百分表初始读数,mm;

d_i——浸水膨胀后百分表读数,mm。

最终钢渣浸水膨胀率随水浴龄期的变化曲线见图4-13。

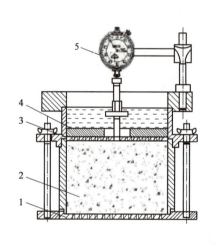

图4-12 膨胀率测定装置示意图
1-多孔底座;2-钢渣;3-多孔顶板;
4-半圆形荷载板;5-百分表

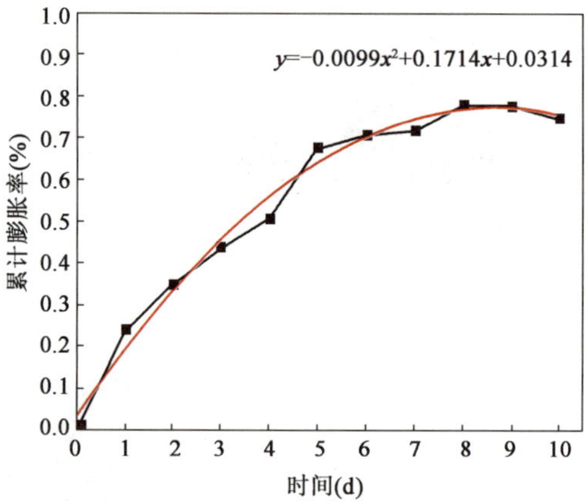

图4-13 钢渣浸水膨胀率随水浴龄期变化图

由图4-13可以看出,样本钢渣的浸水膨胀率值10d内均维持在1%以下,最高值为0.78%,远低于《钢渣集料混合料路面基层施工技术规程》(YB/T 4184—2018)中规定钢渣用于基层时浸水膨胀率低于2%的要求,可以不做其他处理直接作为集料使用于基层材料中。图中钢渣的累计膨胀率随着水浴龄期的增加逐渐增加,且前5d增加幅度较快,后5d增加幅度逐渐缓慢,8~10d时趋于稳定,稳定在0.77%左右。这表明10d水浴时间内钢渣中的大部分f-CaO与水反应结束。综合表明,样本钢渣具有较好的体积膨胀性能。

4.12 压蒸粉化率

根据《钢渣稳定性试验方法》(GB/T 24175—2009),采用 YZF-2A 型高压釜对不同粒径的钢渣集料进行压蒸粉化率测试,测试过程见图 4-14,其结果见表 4-9。由表可知,随着粒径的增大,钢渣的压蒸粉化率呈现逐渐减小的趋势。压蒸粉化率试验过程涉及的主要化学反应是 f-CaO 水化反应,该反应是在钢渣的表面发生的,经过高温高压条件最终粉化破碎。采用相同的 800g 钢渣试样进行试验,不同粒径钢渣在化学反应过程中接触面积各不相同,导致压蒸粉化率随粒径的增大而减小。

图 4-14 钢渣粉化率测试过程

不同粒径的内蒙古钢渣压蒸粉化率 表 4-9

钢渣粒径(mm)	压蒸粉化率(%)
2.36 ~ 4.75	2.18
4.75 ~ 9.5	1.45
9.5 ~ 16	0.98

4.13 孔隙特征

选取粒径在 1cm 的样本钢渣颗粒作为试样并使用压汞仪来表征钢渣孔隙特征,其测试结果见图 4-15。从图中可以看出钢渣的孔径出现频率范围非常广,其数量级从 10^{-5} 到 10,尺寸在 35 ~ 350μm 之间的孔隙极其少。而 0.03 ~ 0.05μm 的孔隙的出现频率跃迁至 10^{-1} 至 10^{0} 之间,这说明其是钢渣孔隙的主要形式。这部分微孔已经无法观察到,但它们可能是导致钢渣沥青吸收率大的主要因素。

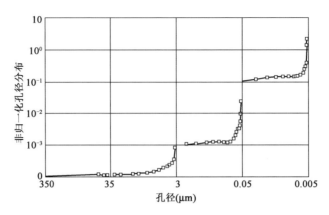

图 4-15　钢渣的非归一化孔径尺寸分布曲线

采用沥青浸渍法研究了钢渣集料对 AH90 沥青的吸收量,其测试结果见表 4-10。粒径范围在 16~19mm 的吸收量达到了 3.9%。但沥青的吸收量与钢渣粒径的关系不明显,0~3mm 范围的集料的浸渍密度需采用表观密度代替来计算。这主要是因为细集料在拌入沥青后,会产生许多气泡,导致试验结果有很大的误差。

钢渣集料在 AH90 沥青中的浸渍密度和瞬时沥青吸收量　　表 4-10

粒径范围(mm)	浸渍密度	吸收量(%)
16~19	3.117	3.9
10~16	3.006	2.6
5~10	2.953	3.0
3~5	3.050	3.5
0~3	2.821	—

采用 Radovskiy 提出的计算集料的比表面积和有效沥青含量的方法,对钢渣沥青混合料的沥青膜的厚度进行计算,结果表明 AC-13 沥青混合料的最佳沥青膜的厚度是 8.1μm。图 4-16 显示了 AC-13 沥青混合料不同油石比对应的马歇尔试件的沥青膜厚与间接拉伸强度之间的关系。经过多项式回归分析,发现两者之间存在着很显著的关联。较高的 R^2 值表明回归得到的二项式公式能够比较准确地描述沥青膜厚与间接拉伸强度之间的关系。Sengoz 曾经做过类似的研究,他认为间接拉伸强度是沥青膜厚的幂函数。但在本例中,两者之间并不存在明显的幂函数关系。通常来讲,间接拉伸强度是随着沥青膜厚度的增加而增加的,但增长速率却逐渐降低。在达到最佳沥青含量对应的沥青膜厚度后,间接拉伸强度则基本上不再增加,也就是说更多的沥青并不会提高沥青混合料的水温稳定性,通过回归曲线可以看出对应最高的拉伸强度,存在着一个"虚"最佳沥青膜厚度。但试验结果表明在此沥青膜厚度下,沥青混合料没有足够的空隙率和较大的沥青饱和度,这时候沥青混合料很容易遭受永久变形及剪切变形等病害。

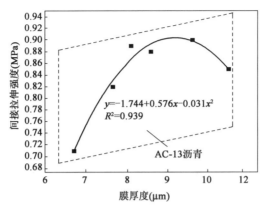

图4-16 沥青膜厚度与间接拉伸强度的关系

4.14 集料粒形特征

4.14.1 不同种类钢渣集料粒形特征

集料粒形是很重要的一种集料特性,在《公路沥青路面施工技术规范》(JTG F40—2004)中明确要求沥青混凝土用粗集料的针片状含量不能高于20%,但仅通过针片状含量来判定集料粒形相对较为片面,无法全面表征。同时破裂面计数法等传统统计方法主观性较强且耗时很长,故选用集料图像测量系统(AIMS)对钢渣集料的粒形特征进行表征和分析(图4-17)。AIMS主要由图像采集硬件和用于运行系统处理数据的电子计算机组成。该系统可以批量获取集料的棱角性、球形度等粒形特征,而后通过处理数据进行数字化。第一次扫描使用高速数码相机拍摄粗集料的轮廓图像,从中可以记录集料边缘的尺寸和棱角的角度和梯度。第二次扫描利用顶部照明和可变放大率的数码相机来捕获纹理图像,并测量每个粗集料的垂直高度。然后,AIMS使用计算机处理获取的图像,得到量化的棱角性指数、球形度和表面纹理指数。

a)集料图像测量系统　　　　b)放在托盘上正在测试的粗集料

图4-17 集料图像测量系统及其工作示意

AIMS通过分析集料图像进行集料颗粒分析,对集料进行准确的量化分析。其球形度、棱角性指数和表面纹理指数示意图见图4-18。该系统通过对每颗集料的长宽高尺寸的测量和细化,整合得到集料的球形度指数,通过集料表面外观轮廓每点上的角度变化率,整合得到集料的棱角性指数,通过高清数码相机取得的集料表面纹理图像,分析微观上集料表面个点高度差,得到纹理指数。

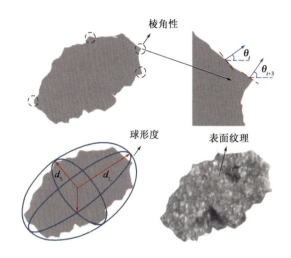

图4-18　集料球形度、棱角性指数和表面纹理指数示意图

(1)球形度指数。

粗集料的球形度指数是通过统计多个集料颗粒的二维球形度指数来表征整体集料的三维球形度指数,该数值可判别集料颗粒的形状,如类立方体颗粒,细长颗粒,扁平颗粒等。球形度指数数值上为0~1,其中当球形度指数约接近1,表明颗粒的形状越接近球体。球形度指数计算公式如式(4-3)所示。

$$2DS = \sqrt{\dfrac{d_s d_i}{d_L^2}} \tag{4-3}$$

式中:$2DS$——颗粒的二维球形度指数;

　　　d_s——颗粒外轮廓的最长径的长度;

　　　d_i——颗粒外轮廓的中间径的长度;

　　　d_L——颗粒外轮廓的最短径的长度。

(2)棱角性指数。

颗粒的棱角性指数是通过量化颗粒轮廓边界处的角度变化后整合而得到的数值。直观的棱角集料颗粒与光滑集料颗粒对比见图4-19。棱角性指数主要通过整合计算颗粒外观轮廓每一点上的倾斜角度而得到的,其平均值即为整体颗粒的棱角性指数,计算公式如式(4-4)所示。

$$GA = \dfrac{1}{\dfrac{n}{s}-1} \sum_{i=1}^{n-3} |\theta_i - \theta_{i+3}| \tag{4-4}$$

式中：GA——棱角性指数；

n——颗粒外轮廓的各计算点；

θ——颗粒外轮廓上每点的倾斜角度。

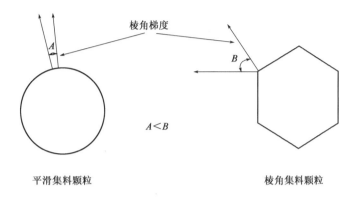

图4-19　棱角集料颗粒和平滑集料颗粒的棱角梯度对比

棱角性指数数值为0~10000，球体的棱角性指数为0，棱角性指数数值越大，表明颗粒表面的棱角越多。颗粒的棱角性指数分级见图4-20。在棱角性指数低于2100时，为平滑颗粒，在棱角性指数高于5400时，为极高棱角性颗粒。

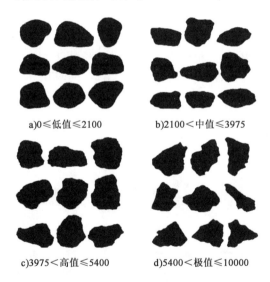

图4-20　颗粒的棱角性指数分级

(3) 表面纹理指数。

集料表面纹理指数的计算原理是小波理论，通过三维方向的表面微观纹理走向差异来表征每个点处的纹理指数，后通过数据整合得到颗粒的整体表面纹理指数。表面纹理指数数值为0~1000，其微观表面纹理越平滑，表面纹理指数越小，颗粒的表面纹理指数等级见图4-21。

本小节首先探讨了五种集料的棱角性指数和球形度，使用9.5~13.2mm档粗集料和4.75~9.5mm档粗集料作为试验对象，每组试验的集料颗粒样本数为200粒。对于工程用集料来说,相同批次的集料生产方法相似,相对出现极端数据的可能性也比较小,而且考虑样本的数量相对比较大,因此主要考虑采用平均值的方法对棱角性指数和球形度进行比较和分析。

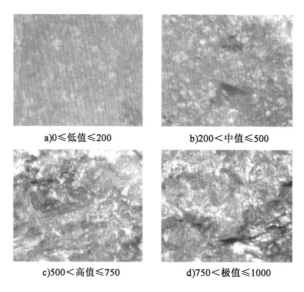

a)0≤低值≤200　　　　b)200＜中值≤500

c)500＜高值≤750　　　　d)750＜极值≤1000

图4-21　颗粒的表面纹理指数等级

AIMS首先通过采集第一轮图像,获得每颗集料轮廓,五种集料的部分被检测样品的外观轮廓见图4-22,可发现两种天然集料玄武岩和石灰岩,其形状相对规则,外观形状具有类似性,同时其轮廓中突出的棱角较少,且棱角也呈现相对规则的锥形。三种钢渣集料则在外观轮廓上表现出更多的多样性,其具有相对更多的棱角结构,同时在外观轮廓可观察到凹陷部位,钢渣集料相对于天然集料形状不规则。

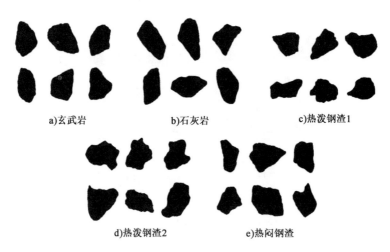

a)玄武岩　　　　b)石灰岩　　　　c)热泼钢渣1

d)热泼钢渣2　　　　e)热闷钢渣

图4-22　五种集料的外观轮廓图像

通过对图4-22的集料外观轮廓图像进行计算机数据处理可得到每颗集料的棱角性指数,而后对每组200个样品的棱角性指数求平均可得到表4-11不同种类集料的棱角性指数。可明显发现,玄武岩和石灰岩两种天然集料具有相对较小的棱角性指数,其中玄武岩略高于石灰岩。不同种类的钢渣集料具有不同的棱角性指数,两种热泼钢渣棱角性指数亦各不相同,表明不同产地的热泼钢渣棱角性指数存在差异性,同时两种热泼钢渣棱角性指数皆高于热闷钢渣,热闷钢渣具有高于天然集料但低于热泼钢渣的棱角性指数。

不同种类集料的棱角性指数 表4-11

粒径范围(mm)	玄武岩	石灰岩	热泼钢渣1	热泼钢渣2	热闷钢渣
9.5~13.2	2932	2874	3384	3512	3201
4.75~9.5	2912	2752	3103	3204	2745

对图4-22的集料外观轮廓图像进行计算机数据处理,可得到每颗集料的球形度指数,而后对每组200个样品的球形度指数求平均可得到表4-12不同种类集料的球形度。石灰岩在五种集料中具有最低的球形度,而三种钢渣球形度皆高于玄武岩和石灰岩。两种热泼钢渣球形度类似,而热闷钢渣的9.5~13.2mm和4.75~9.5mm粒径的集料球形度差异性小于热泼钢渣。

不同种类集料的球形度指数 表4-12

粒径范围(mm)	玄武岩	石灰岩	热泼钢渣1	热泼钢渣2	热闷钢渣
9.5~13.2	0.712	0.671	0.751	0.763	0.737
4.75~9.5	0.626	0.613	0.706	0.721	0.731

综合五种集料的棱角性指数和球形度指数可发现。第一,同为天然集料的玄武岩和石灰岩其棱角性和球形度指数也各不相同,其中玄武岩比石灰岩具有更高的棱角性指数和更高的球形度指数,这可能也是玄武岩在工程中常作为路面表层用优质集料的原因。第二,钢渣普遍比天然集料具有更高的棱角性指数和更高的球形度,高5%~10%。第三,相对于热泼钢渣,热闷钢渣具有相似的球形度指数和较小的棱角性指数。

4.14.2 不同陈化时间钢渣集料粒形特征衍化规律

热泼钢渣在工程应用前常需要进行一定时间陈化处理才可应用在道路工程中,陈化过程是钢渣本身的水化和自然环境风化的过程,因此会对钢渣集料的粒形产生影响。因此针对该问题,选取陈化时间分别为0月、3月、6月、12月、18月、24月、36月的热泼钢渣,并对其分别标号为BSA、BSB、BSC、BSD、BSE、BSF、BSG。使用AIMS检测各组集料的棱角性指数和球形度指数,结果如表4-13和表4-14所示。

不同陈化时间热泼钢渣的棱角性指数 表4-13

试验编号	BSA	BSB	BSC	BSD	BSE	BSF	BSG
自然陈化时间	0月	3月	6月	12月	18月	24月	36月
9.5~13.2mm	3885	3846	3727	3564	3376	3301	3303
4.75~9.5mm	3649	3423	3454	3374	3361	3278	3041

不同陈化时间热泼钢渣的球形度指数 表 4-14

试验编号	BSA	BSB	BSC	BSD	BSE	BSF	BSG
自然陈化时间	0月	3月	6月	12月	18月	24月	36月
9.5~13.2mm	0.80	0.78	0.75	0.73	0.69	0.72	0.75
4.75~9.5mm	0.77	0.76	0.72	0.71	0.74	0.76	0.74

由表 4-13 可知,选取钢渣的 9.5~13.2mm 粒径集料在最初的棱角性指数为 3885,而在陈化至 18 个月时为 3376,陈化至 36 个月为 3303。热泼钢渣的棱角性指数随陈化时间增加而不断减小,其中在陈化至 18 个月时,棱角性指数衰减约 15%,而后衰减趋势趋向缓和。同时 4.75~9.5mm 档集料亦表现出相似规律,在陈化至 12 月时,棱角性指数衰减约 10%,随后衰减趋势趋向缓和。粒径较大集料的初始棱角性较大,但其棱角性指数衰减程度则略高于粒径较小集料。

伴随着钢渣自然陈化过程,钢渣本身会发生胶凝成分水化,可溶于水物质溶于水而脱离钢渣基体等物化反应,同时伴随着自然条件风化对钢渣基体的破坏,因此初始钢渣具有的表面丰富的棱角结构会随陈化时间的增长而部分从钢渣基体上磨损、剥离,这在钢渣集料粒形特征上则表现为棱角性指数的逐渐降低,而随着陈化时间的进一步增加,钢渣中活性物质逐渐减少,因此钢渣也趋向稳定,故在钢渣陈化时间超过 18 月后,其棱角性指数趋向稳定。

由表 4-14 可明显发现,热泼钢渣在陈化时间为 0 月时的球形度指数较高,其中 9.5~13.2mm 可达到 0.80,表明热泼钢渣初始球形度指数很高。而后随着陈化时间的增长,钢渣球形度指数呈现先降低后增加趋势。9.5~13.2mm 组钢渣数据可发现,球形度指数最低点在 18 月,而后钢渣球形度指数逐渐回升,但未超过最初的 0.8;而 4.75~9.5mm 组钢渣数据最低点则在陈化时间为 12 月。

钢渣球形度指数随陈化时间的变化与棱角性指数不同,呈现先降低后升高的规律。究其原因为钢渣在经破碎磁选后其初始球形度较高,同时具有丰富的棱角,而随着棱角部分脱离,钢渣的粒形的中间维度值降低,这就引起了钢渣的球形度指数的降低,而在陈化时间至棱角性指数稳定后,钢渣集料表面仍会被风化影响,其整体形状会更进一步趋向球形,故而钢渣的球形度在陈化 12~18 个月后,逐渐增大。

综上所述,钢渣陈化会影响到其粒形特征,具体表现为,随陈化时间延长,钢渣集料棱角性指数逐渐降低,在 12~18 个月趋向稳定;钢渣集料球形度则呈现先降低后升高规律。因此,钢渣在破碎为工程集料后,应使用遮雨棚等设施减少自然陈化对其影响,同时尽量缩短集料生产与工程应用之间的储存时间;若陈化时间超过两年,则应进行破碎筛分处理后再使用。

4.15 热学特性

探讨了玄武岩(B)、热泼钢渣(BS1)、热闷钢渣(PBS)的热膨胀系数。热膨胀系数可由式(4-5)得到：

$$\alpha = (L - L_0)/[L_0(t - t_0)] \tag{4-5}$$

式中：α——热膨胀系数；

L——温度 t 时样品的长度；

L_0——温度 t_0 时样品的长度；

t_0——热膨胀率测试的初始温度；

t——热膨胀率测试的终止温度。

三种集料的热膨胀率结果见图4-23，随温度的升高，三种集料的热膨胀体积逐渐增加。玄武岩是在自然环境中的高温高压条件下形成的火山岩，因此其质地密集，热膨胀体积相对较小，而钢渣具有复杂的矿物成分同时其内部具有许多孔隙结构，因此钢渣的热膨胀体积高于天然集料。

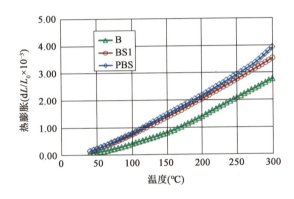

图4-23 钢渣与天然集料的热膨胀

通过公式(4-5)可得到三种集料的热膨胀系数分别为：玄武岩为 1.04×10^{-5}，热闷钢渣为 1.45×10^{-5}，热泼钢渣为 1.30×10^{-5}，三种集料的温度稳定性从高到低分别为：玄武岩，热泼钢渣，热闷钢渣。同时对比两种钢渣集料热膨胀系数可发现，两者差异较小，热泼钢渣略优于热闷钢渣。在温度稳定性方面，钢渣集料普遍差于天然集料，同时对比不同处理工艺钢渣的热膨胀系数可发现，热泼钢渣的热稳定性略优于热闷钢渣。当在昼夜温差及季节温差较大地区进行钢渣集料资源化应用时，需考虑钢渣的热稳定性能对工程施工及质量的影响。

4.16 体积膨胀性

设计了四组钢渣体积膨胀率测试试验，分别为：粗集料和细集料皆为热泼钢渣的BB，粗集料和细集料皆为热闷钢渣的PP，粗集料为热泼钢渣、细集料为热闷钢渣的BP，粗集料为热闷钢渣、细集料为热泼钢渣的PB。试验结果见图4-24、图4-25。

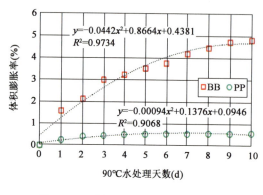 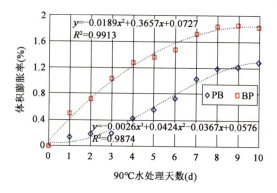

图 4-24 两种钢渣的浸水膨胀率试验结果　　　图 4-25 两种混掺钢渣的浸水膨胀率试验结果

由图 4-24 可知,热泼钢渣和热闷钢渣两种钢渣的浸水膨胀率不同,在 90℃ 水处理 10d 后,热泼钢渣的体积总膨胀率接近 5%,而热闷钢渣体积总膨胀率低于 1%。陈化两周的热泼钢渣体积稳定性较差,不符合工程用集料的技术要求,而陈化两周的热闷钢渣其浸水体积膨胀率较低,可直接作为集料应用于铺筑路面等工程中。对比两种钢渣在浸水 10d 内体积膨胀率的变化趋势可发现,两种钢渣体积膨胀率与时间都不是呈现线性增长趋势,其中,热闷钢渣在 90℃ 水浸泡条件下,在前 4d,呈现随时间增大而增大的趋势,而 4d 后趋于稳定,样品体积总膨胀率基本维持不变,在浸水处理 8d 后,样品体积总膨胀率略有下降。热泼钢渣在 90℃ 水浸泡条件下,体积膨胀率在 10d 内持续上升,但其增加幅度呈现先增后减规律,浸泡至第 9d,体积膨胀率虽依然在增加,但其增加幅度较小。在陈化时间皆为 14d 条件下,热闷钢渣体积稳定性较好,热泼钢渣体积稳定性差,其会产生超过 5% 的体积膨胀,热泼钢渣未经自然陈化处理,应严格禁止应用于实体工程中。

图 4-25 给出了 PB 和 BP 两组粗细集料互相替换的钢渣浸水膨胀率结果。在经过 90℃ 水浸泡 10d 后,BP 组的体积膨胀率为 1.83%,PB 组的体积膨胀率为 1.29%。由上段分析知,在粗细集料互相替换条件下,其体积膨胀的主要因素为掺入的热泼钢渣。图 4-24 中 BB 组的 10d 体积膨胀率为 4.87%,PB 和 BP 的体积膨胀率相加依然小于 BB 组,由此可知,当使用集料复掺方法时,体积不稳定钢渣的体积膨胀会被相对稳定集料所抑制。PB 组的浸水膨胀率小于 BP 组,表明粗集料比细集料具有更大的体积膨胀,这主要是因粗集料占比远高于细集料。对比两条曲线差异则可明显发现,BP 组在 90℃ 水浸泡体积膨胀在初期增长迅速,在 8d 后就趋于稳定。PB 组在 90℃ 水浸泡体积膨胀在早期相对较小,而在 4d 后开始迅速增加,并在试验结束的 10d 时,体积膨胀率仍在增大。经计算,热泼钢渣粗集料提供约 60% 的体积膨胀,细集料提供约 40% 的体积膨胀,粗集料的体积不稳定性释放更快,在 8d 作用即趋于稳定,而细集料的体积稳定性在早期释放缓慢,但在 4d 后开始加速释放,同时其体积膨胀持续时间也远高于粗集料。因此对比粗集料和细集料的体积膨胀性能可发现,粗集料提供更多的体积膨胀,其主要原因为质量占比较高,同时粗集料的体积膨胀释放较快。而细集料提供的体积膨胀在

早期较小,在后期则持续增加。

热泼钢渣具有体积不稳定的特性,因此在实际应用中,多将热泼钢渣进行1.5年陈化,再进行资源化再利用。而在陈化过程中钢渣的游离氧化钙含量变化规律并不明确,因此针对该问题,选取了陈化时间分别为0月、3月、6月、12月、18月、24月、36月的热泼钢渣,粒径范围为4.75~9.5mm,并对其分别标号为BSA、BSB、BSC、BSD、BSE、BSF、BSG。不同自然陈化时间的热泼钢渣游离氧化钙含量及浸水膨胀率试验结果如表4-15所示。

不同自然陈化时间的热泼钢渣游离氧化钙含量及浸水膨胀率 表4-15

试验编号	BSA	BSB	BSC	BSD	BSE	BSF	BSG
自然陈化时间	0月	3月	6月	12月	18月	24月	36月
游离氧化钙含量(%)	5.96	4.68	4.00	3.24	2.96	2.84	2.56
10d浸水膨胀率(%)	4.87	4.03	3.26	2.03	1.94	1.92	1.86

表4-15中给出了陈化时间从0~3年的热泼钢渣的体积稳定性性能,从中可发现,随陈化时间的增加,热泼钢渣中游离氧化钙不断减少,同时其10d浸水膨胀率也在不断降低,两者降低频率类似,皆为在陈化前期快速降低,而在陈化时间超过一年后,其下降趋势减缓。其中游离氧化钙含量在陈化36月后,降低了约55%,10d浸水膨胀率降低约60%。在钢渣游离氧化钙含量方面,陈化至36月时,虽然其降低幅度减小,但其变化率并未见明显趋近于0,故36月仍未达到钢渣游离氧化钙自然消解终点。在10d浸水膨胀率方面,在18~36月的四组数据,其膨胀率皆在2%左右,并未出现明显降低,因此热泼钢渣在陈化18月后,其游离氧化钙虽然依然在降低,但其宏观的浸水体积膨胀率则基本维持持平状态。参考相关国家规范可知,该种热泼钢渣在自然陈化时间超过24个月才可达到游离氧化钙含量和浸水膨胀率两指标同时满足的工程集料技术要求。因热泼钢渣后期游离氧化钙含量自然消解速率减缓,因此,钢渣产出时的游离氧化钙含量就应被严格控制。

综上所述,不同种钢渣的体积稳定性各不相同,热泼钢渣由于其钢渣冷却处理时使用蒸压处理方法,其内部游离氧化钙大部分被消解,因此热闷钢渣具有相对较好体积稳定性。而热泼钢渣体积稳定性较差,热泼钢渣新渣体积膨胀率可到5%以上,必须经过自然陈化等方法消解游离氧化钙后方可在实体工程中应用。但钢渣中游离氧化钙很难100%消解,钢渣的热闷工艺及自然陈化方法最多可消解60%~70%的游离氧化钙。

第 5 章　钢渣-水泥稳定基层材料性能分析

钢渣具有优秀集料的潜质,其良好的力学性能与基层所需的集料性能相匹配,钢渣作为集料应用于基层材料中,可有效缓解现有天然集料缺乏的问题。另外可利用钢渣的潜在胶凝活性,用部分钢渣微粉作胶凝材料代替水泥,制备出性能优良的钢渣-水泥结合料,应用于基层材料中。本章对以钢渣为主要原材料的无机胶结料和基层碎石掺合料的相关性能进行了系统研究,为钢渣无机胶结料和钢渣基层碎石掺合料在基层中的应用提供指导。

5.1　钢渣-水泥复合胶凝材料的胶凝性能分析

5.1.1　砂浆试验

为确定钢渣微粉-水泥复合胶凝材料最佳配比,将钢渣微粉分别按0%、25%、50%、75%、100%的质量比替代水泥制备复合胶凝材料,进行砂浆试验。具体试验步骤按照《水泥胶砂强度检验方法(ISO法)》(GB/T 17671—2021)中规定的试验方法进行,试验龄期为3d、7d、28d,养护条件为标准养护。

5.1.2　砂浆强度

将成形砂浆脱模后放置在标准条件下养护,测试其3d、7d和28d抗压抗折强度,结果见图5-1、图5-2。

由图5-1可知,随着钢渣掺量的增加,水泥砂浆的3d、7d、28d抗压强度均呈下降趋势,掺量增加到50%以上时,水泥砂浆强度下降迅速,75%钢渣掺量的3d强度仅有0.8MPa,相比50%掺量下降了83.6%。随着养护龄期的增加,各钢渣掺量的水泥砂浆强度均逐渐增大,25%钢渣掺量的砂浆强度与纯水泥砂浆强度值均为32.7MPa。这表明,当少量钢渣微粉掺入时,虽然对水泥砂浆前期强度有一定影响,但对后期强度几乎没有影响,主要原因是钢渣微粉的潜在胶凝性能随着养护时间的增长开始激发并产生强度,对水泥砂浆强度进行补强。全钢渣砂浆虽然在前期几乎强度为0MPa,但其28d强度也有1.7MPa,进一步证明了其具有一定的潜在胶凝性能,但其胶凝性能较难激发。

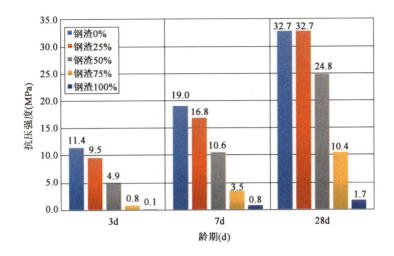

图 5-1 钢渣的掺入对水泥砂浆抗压强度的影响

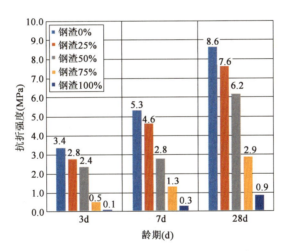

图 5-2 钢渣的掺入对水泥砂浆抗折强度的影响

由图 5-2 可以看出,随着钢渣掺量的增加,水泥砂浆的 3d、7d、28d 抗折强度均呈下降趋势,当掺量增加到 50% 以上时,水泥砂浆抗折强度迅速下降,75% 钢渣掺量的 3d 强度仅有 0.5MPa。随着养护龄期的增加,各钢渣掺量的水泥砂浆抗折强度均逐渐增大。28d 时,25% 钢渣掺量的水泥砂浆抗折强度为 7.6MPa,略低于纯水泥砂浆的抗折强度,表明少量钢渣微粉的掺入对水泥砂浆抗折性能有一定的负面影响,但影响不大。

综上所述,当钢渣微粉掺量超过 50% 时,水泥砂浆的强度会迅速降低。当掺入少量的钢渣微粉时,对水泥砂浆强度前期强度有一定影响,但其后期强度与纯水泥砂浆强度相差不大。使用钢渣微粉-水泥复合胶凝材料时,钢渣微粉的质量占比不宜超过 30%。

5.2 钢渣-水泥基层材料性能分析

5.2.1 集料级配设计

对石灰岩和钢渣集料进行筛分试验,根据筛分结果,参照《公路工程无机结合料稳定材料试验规程》(JTG E51—2009)中对级配的要求,选取 CB-1 级配进行全钢渣集料及全天然集料的级配设计,所得级配上下限及合成级配如表 5-1 所示,级配曲线图见图 5-3。

钢渣基层材料合成级配表 表 5-1

筛孔尺寸(mm)	26.5	19	16	13.2	9.5	4.75	2.36	1.18	0.6	0.3	0.15	0.075
级配上限(%)	100	86	79	72	62	45	31	22	15	10	7	5
级配下限(%)	100	82	73	65	53	35	22	13	8	5	3	2
级配中值(%)	100	84	76	68.5	57.5	40	26.5	17.5	11.5	7.5	5	3.5
合成级配(钢渣)(%)	100	84.3	76.7	69.6	58.1	40.4	25.4	17.4	11.5	8.1	5.6	3.7
合成级配(天然)(%)	99.7	85.4	75.2	67.5	58.6	39.9	25.2	17.5	13.2	8.0	5.3	2.7

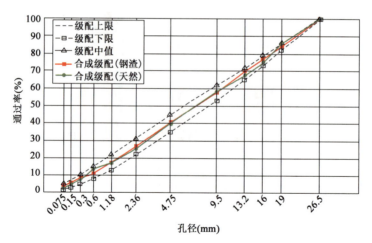

图 5-3 基层材料合成级配曲线图

如图 5-3 所示,CB-1 级配曲线距离很近,上下限范围很窄,这表明基层材料级配控制需要非常严格,这与基层材料的强度构成有关,水泥稳定碎石类基层材料是以级配碎石作集料,采用一定数量的胶凝材料和足够的灰浆填充集料的空隙进行压实。其压实度接近于密实度,强度主要靠碎石间的嵌挤锁结原理,胶凝材料水化填充孔隙并黏结集料,进一步提升其强度。

5.2.2 击实试验

按照《公路工程无机结合料稳定材料试验规程》(JTG E51—2009)中要求的击实试验规范进行。为综合确定钢渣微粉-水泥复合胶凝材料中钢渣微粉与水泥的配比,分别进行以0%、25%、50%质量比的钢渣微粉-水泥结合料及不同水泥用量下的重型击实试验,集料选用全钢渣集料。其击实试验结果如表5-2所示,不同结合料掺量含水率与干密度变化曲线图见图5-4、图5-5。

不同钢渣掺量下结合料(F-G)击实试验结果　　表5-2

钢渣掺量(%)	结合料掺量(%)	击实试验结果				
0	3	实测含水率(%)	4.81	5.34	6.39	7.38
		干密度(g/cm³)	2.66	2.82	2.73	2.70
	3.5	实测含水率(%)	4.34	4.71	5.20	6.67
		干密度(g/cm³)	2.77	2.80	2.84	2.79
	4	实测含水率(%)	4.23	4.75	5.41	5.82
		干密度(g/cm³)	2.73	2.79	2.83	2.78
	4.5	实测含水率(%)	4.36	5.11	5.42	5.84
		干密度(g/cm³)	2.70	2.74	2.848	2.80
	5	实测含水率(%)	4.31	5.23	5.40	5.91
		干密度(g/cm³)	2.68	2.82	2.84	2.82
25	4	预加含水率(%)	4.0	5.0	6.0	7.0
		实测含水率(%)	3.89	4.48	5.74	6.43
		干密度(g/cm³)	2.79	2.84	2.98	2.89
	5	预加含水率(%)	4.0	5.0	6.0	7.0
		实测含水率(%)	3.89	4.51	5.64	6.25
		干密度(g/cm³)	2.86	2.83	2.99	2.87
	6	预加含水率(%)	4.0	5.0	6.0	7.0
		实测含水率(%)	3.75	4.27	5.58	6.23
		干密度(g/cm³)	2.72	2.81	2.93	2.83
50	5	预加含水率(%)	4.0	5.0	6.0	7.0
		实测含水率(%)	3.91	3.84	4	3.96
		干密度(g/cm³)	2.81	2.71	2.87	2.93

由表5-2可以明显看出,钢渣微粉掺量为50%时,当含水率从4%~7%变化时,其实测含水率均为4%左右,结合料保水性能变差,击实试验时也出现严重泌水(图5-6)现象,拌和料和易性变差,这表明钢渣微粉不宜掺量过多。从图5-4可以看出,当结合料掺量在4%~5%时,其最大干密度保持较大的值。三组掺量的最佳含水率均在5.5%左右。综合前期复合砂浆试

验,钢渣微粉的掺量定在25%,由图5-5可以看出水泥掺量从3.5%~5%变化时,其最佳最大干密度集中在2.85g/cm³左右,最佳含水率集中在5.3%~5.5%之间。

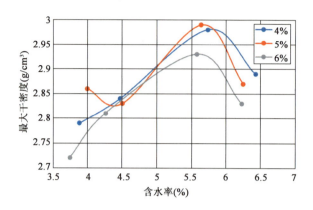

图5-4 不同结合料掺量含水率与干密度变化曲线(25%钢渣掺量)

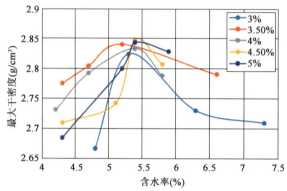

图5-5 不同水泥掺量下含水率与干密度变化曲线

图5-6 击实试验试块的泌水现象

5.2.3 7d无侧限抗压强度

根据击实试验所得的最佳含水率及最大干密度,按照《公路工程无机结合料稳定材料试验规程》(JTG E51—2009)中要求制备圆柱形试样,标准养护7d后,进行无侧限抗压强度试验,以确定最佳的水泥及复合结合料掺量。强度试验结果如表5-3所示。不同钢渣微粉掺量下7d无侧限抗压强度见图5-7。

不同钢渣掺量下7d无侧限抗压强度　　　　　　　　　　　　　　　表5-3

试验项目	钢渣微粉(%)	水泥(%)	结合料用量			
			3.5:100	4.0:100	4.5:100	5.0:100
7d无侧限抗压强度(MPa)	0	100	5.89	6.27	7.53	8.34
	25	75	4.75	5.90	6.32	6.91
设计强度(MPa)	≥3.0					

第5章 钢渣-水泥稳定基层材料性能分析

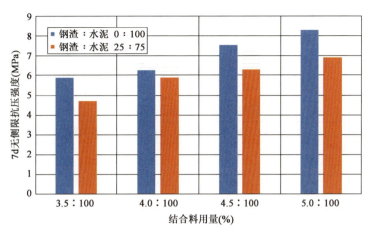

图 5-7 不同钢渣微粉掺量下 7d 无侧限抗压强度

由图 5-7 可以看出,钢渣微粉:水泥 = 25:75 复合胶凝材料试样的强度均略低于同等结合料掺量下的纯水泥基层材料的试样,但整体强度值较高,当结合料掺量为 3.5% 时,其最低强度为 4.75MPa,大于设计强度,符合规范要求。随着结合料含量的增加,试样 7d 无侧限抗压强度也逐渐增加,且强度值远大于规范设计强度。

5.2.4 钢渣-水泥基层材料力学性能分析

基层材料的力学性能的优劣直接决定了其在工程上的应用,为深入研究钢渣集料及钢渣微粉-水泥的掺入对基层材料力学性能的影响,结合料选用纯水泥(S)、钢渣微粉:水泥 = 25:75 复合胶凝材料(F);集料选用纯天然集料(T)、全钢渣集料(G),后进行复配,得到水泥-天然、水泥-钢渣、复合-天然、复合-钢渣(S-T、S-G、F-T、F-G)共计 4 组试样,结合料用量选用 3.5% 进行外掺,进行无侧限抗压强度试验、间接抗拉强度试验、抗压回弹模量试验,综合进行力学性能分析。

1)无侧限抗压强度

按照《公路工程无机结合料稳定材料试验规程》(JTG E51—2009)无侧限抗压强度要求,制备出水泥-天然、水泥-钢渣、复合-天然、复合-钢渣(S-T、S-G、F-T、F-G)共 4 组试样,进行 3d、7d、28d 无侧限抗压强度试验,进行结果分析。试验结果如表 5-4 所示。

无侧限抗压强度试验　　　　　表 5-4

编号	无侧限抗压强度(MPa)		
	3d	7d	28d
S-T	3.2	5.4	7.8
S-G	6.1	7.5	10.3
F-T	2.8	4.9	7.7
F-G	5.5	6.8	9.6

为进一步研究低胶结料掺量下全粒径钢渣基层材料的力学特性,胶结料掺量分别选取3.5%、4.0%制备试样并对其进行养护处理(20℃±2℃,湿度≥95%),养护龄期的最后24h将试样进行浸水处理,浸水后进行无侧限抗压强度试验,试验结果见表5-5,强度变化规律见图5-8、图5-9。

基层材料的无侧限抗压强度(MPa)　　　　　　　　　　　表5-5

胶结料	龄期	试样类别			
		F-G	S-G	F-T	S-T
3.5%	3d	3.6	4.4	2.7	3.2
	7d	5.3	5.8	4.2	4.4
	28d	8.6	8.7	6.5	6.7
	60d	10.0	10.1	7.0	7.2
4.0%	3d	4.1	4.7	3.2	3.8
	7d	5.7	6.2	4.7	5.1
	28d	9.1	9.3	6.7	6.9
	60d	10.6	10.8	7.7	7.7

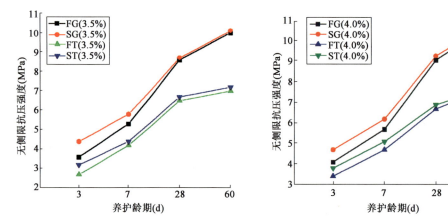

图5-8　不同龄期基层材料的无侧限抗压强度(3.5%胶结料)　　图5-9　不同龄期基层材料的无侧限抗压强度(4.0%胶结料)

通过对图5-8、图5-9和表5-5进行分析可知:

(1)基层材料的强度随着养护时间的增加,四种基层材料的无侧限抗压强度值均随之增加,但强度增长规律却各不相同。当集料类型不同时,钢渣集料基层材料的后期强度增长率明显大于天然集料。在养护早期(0d~7d),3.5%胶结料掺量下,F-G组钢渣基层材料的7d无侧限抗压强度相较3d强度增加了47.2%,而F-T组的无侧限抗压强度增长了55.5%;到了养护后期(28d~60d),F-G组的60d强度相比28d增长了16.2%,而F-T组仅增长了4.1%,钢渣集料基层材料的强度增长率超过天然集料。当胶结料种类不同时,掺入钢渣微粉的基层材料早期强度低于纯水泥组,后期强度接近,4.0%胶结料掺量时,F-T组与S-T组60d无侧限抗压强度值相同,这表明少量钢渣微粉掺入时,会一定程度上降低基层材料早期的性能,对材料后期无侧限抗压强度影响不大,这与前述中复合胶结料强度变化规律一致。

这种现象主要与钢渣的胶凝活性有关,钢渣的主要矿物可分为两个部分:活性组分(C_3S、C_2S等)和惰性组分(RO相,C_2F和Fe_3O_4),钢渣中活性组分含量少,主要由缓慢冷却形成,反应活性不高,因此钢渣的水化速率很缓慢。研究表明,增大水化环境的碱度能一定程度激发钢渣的水化活性,水泥与钢渣掺和时,水泥的水化会增加钢渣水化环境的碱性,促使钢渣进行水化,另外钢渣的水化对水泥的水化也有积极影响,在这两者的相互作用下,进一步提升水泥-钢渣材料体系的强度。在钢渣基层材料中,钢渣微粉是替代部分水泥进行掺入的,水泥含量相对减少,这使得胶结料的水化诱导期延长,降低了其早期的水化速率,但到了养护后期,钢渣微粉的胶凝性能得到激发,对基层材料的强度进行补偿。使用钢渣作为集料时,虽然钢渣集料活性远不如钢渣微粉,但到了养护后期,部分钢渣集料也会有一定程度的水化,与水泥水化产物交织,进一步提升基层材料的强度,而天然集料却无胶凝活性,仅依靠水泥水化黏结提升强度,故后期强度发展不足。

(2)在同一养护龄期时,全粒径钢渣基层材料的无侧限抗压强度都要明显高于天然集料基层材料,当胶结料含量增大时,基层材料的强度也会有一定增加。这可以从基层材料的强度构成角度解释,半刚性基层材料受压破坏实际上是一种剪切破坏,根据莫尔-库仑强度理论,半刚性基层材料的破坏条件由式(5-1)表示。

$$\tau_f = c - \sigma\tan\varphi \tag{5-1}$$

式中:c——黏聚力,N;

φ——内摩阻角,°;

τ_f——剪切断裂强度,MPa;

σ——相关系数。

由上式可以看出,基层材料剪切的强度主要由材料的黏聚力和内摩阻角共同决定。半刚性基层材料的黏聚力主要与水泥及其他胶结料的水化胶凝性能有关,内摩阻角主要与基层材料的级配和粗集料的表观形貌、压碎值等自身特性有关。书中介绍的各基层材料在制备时,钢渣与天然集料均使用一种级配,且级配合成曲线的重合度很高,这排除了材料级配的不同对基层材料强度的影响。而钢渣本身具有优良的力学性能,这使得钢渣粗集料形成骨架时,集料颗粒之间的嵌挤作用加强,内摩阻力增大,从而使基层材料的无侧限抗压强度更高,当胶结料含量增加时,提升了基层材料的黏聚力,使基层材料的无侧限抗压强度随之提升。

2)间接抗拉强度

半刚性基层材料的间接抗拉强度又称劈裂强度,它反映了材料在受拉时的极限承载能力,是验算路面结构底层拉应力的重要指标,间接抗拉强度越高,基层材料的抗裂性能越好。采用

《公路工程无机结合料稳定材料试验规程》(JTG E51—2009)中规定的试验方法,对胶结料掺量为3.5%、4.0%时的全粒径钢渣基层材料的间接抗拉强度进行测试,试样养护龄期为7d、28d、90d,养护条件为标准养护(20℃±2℃,湿度≥95%)。试件的间接抗拉强度 R_i 按式(5-2)进行计算,试验结果见表5-6,间接抗拉强度试验见图5-10。

$$R_i = \frac{2P}{\Pi dh}\left(\sin 2\alpha - \frac{a}{d}\right) \qquad (5-2)$$

式中:P——试件破坏时的最大压力,N;

　　　d——试件的直径,mm;

　　　h——试件浸水24h后的高度,mm;

　　　α——压条对应圆心角,°;

　　　a——压条宽度,mm。

基层材料的间接抗拉强度(MPa)　　　　　　　　　表5-6

胶结料	龄期	试样类别			
		F-G	S-G	F-T	S-T
3.5%	7d	0.321	0.360	0.223	0.265
	28d	0.479	0.499	0.327	0.341
	90d	0.746	0.748	0.529	0.533
4.0%	7d	0.354	0.607	0.444	0.508
	28d	0.771	0.782	0.584	0.595
	90d	0.996	0.987	0.757	0.770

图5-10　间接抗拉强度试验

将测试结果绘制成柱状图,图5-11、图5-12分别为胶结料掺量为3.5%、4%时,全粒径钢渣基层材料在7d、28d、90d的间接抗拉强度柱状图,图5-13为各基层材料的90d间接抗拉强度随胶结料含量变化的柱状图。

第5章 钢渣-水泥稳定基层材料性能分析

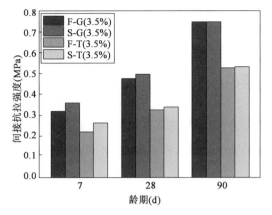

图5-11 不同龄期基层材料的间接抗拉强度(3.5%胶结料)

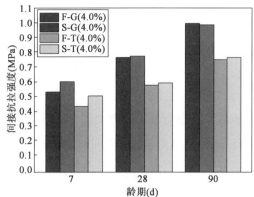

图5-12 不同龄期基层材料的间接抗拉强度(4.0%胶结料)

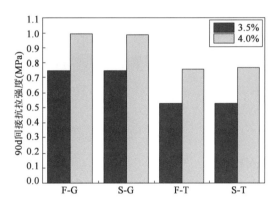

图5-13 不同胶结料含量的基层材料90d间接抗拉强度

对测试结果进行分析可知：

(1)与无侧限抗压强度的发展规律类似,随着养护龄期的增加,各组基层材料的间接抗拉强度均增大,并且全粒径钢渣基层材料的后期强度增长率明显高于普通基层材料。钢渣微粉掺入到水泥中时,对基层材料的前期间接抗拉强度有一定不利影响,但对基层材料的后期强度并无影响,反而能促进基层材料间接抗拉强度的增长。胶结料掺量为4%时,复合胶结料-全钢渣(F-G)基层材料间接抗拉强度值为0.996MPa,超过纯水泥-全钢渣组(S-G)接抗拉强度0.987MPa,这主要是养护后期,钢渣的胶凝活性得到激发,进行水化,使得集料之间的黏聚力增大,对基层材料的间接抗拉强度有了一定的贡献,所以全粒径钢渣基层材料的后期强度增长率变大。

(2)胶结料含量增加时,基层材料的无侧限抗压强度也随之增加。胶结料含量从3.5%增加至4.0%,F-G组和S-G组的28d间接抗拉强度值分别增加了60.9%、56.7%,增长幅度较大。对于间接抗拉强度而言,基层材料的强度主要依靠基层材料的黏聚力,即胶结料水化时与集料表面的黏结作用,而内摩阻力对基层材料间接抗拉强度的贡献较小。从试件的断裂面来看(图5-10),断裂表面主要是粗集料与胶结料接触面,细集料依靠胶结料的水化作用与粗集料表面紧密黏结在一起,形成强度。因此胶结料的含量对基层材料的间接抗拉强度值影响较大,胶结料掺量增大时,胶结料与集料的接触面积变大,水化时能更加紧密地将细集料与粗集料黏结在一起,提升基层材料的间接抗拉强度。

(3)当使用全钢渣集料时,基层材料的间接抗拉强度大于天然集料基层材料,这主要由钢渣自身的物理特性决定。虽然内摩阻力对间接抗拉强度影响较小,但钢渣集料对增大黏聚力有积极效果。钢渣表面纹理丰富,呈多孔状,且多为开放孔,进行压实时,细集料与水泥颗粒进入到这些孔中,水泥水化时填补一定的孔洞,并与钢渣粗集料紧密结合,黏结的面积增大,从而使得基层材料的间接抗拉强度有所增强。

3)抗压回弹模量

按照《公路工程无机结合料稳定材料试验规程》(JTG E51—2009)抗压回弹模量要求,结合料用量选用3.5%、4%,制备出水泥-天然、水泥-钢渣、复合-天然、复合-钢渣(S-T、S-G、F-T、F-G)共4组试样,进行3d、7d、28d抗压回弹模量试验,试件的回弹变形 L 计算如下式:

$$L = 加载时读数 - 卸时读数$$

回弹模量 E 计算如下:

$$E = \frac{ph}{L} \tag{5-3}$$

式中:E——抗压回弹模量,MPa;

p——单位压力,MPa;

h——试件高度,mm;

L——试件回弹变形,mm。

试验结果如表5-7所示。

基层材料的抗压回弹模量(MPa)　　表5-7

胶结料	龄期	试样类别			
		F-G	S-G	F-T	S-T
3.5%	7d	1004	1145	835	942
	28d	1480	1554	1109	1135
	90d	1661	1712	1174	1199
4.0%	7d	1238	1450	1077	1129
	28d	1675	1774	1298	1344
	90d	1858	1954	1565	1577

(1)随着养护时间的增加,各组基层材料的抗压回弹模量均有一定程度的增加,抗压回弹模量前期的增长速率比后期快,例如胶结料掺量为3.5%时,F-G组与S-G组基层材料的28d

抗压回弹模量的值较 7d 增加了 47.4% 和 35.7%，而 90d 抗压回弹模量则比 28d 增长了 12.2% 和 10.2%，这与胶结料的水化强度随水化龄期的变化规律对应一致。基层材料在成型后，其压实度基本保持不变，集料之间的相互嵌挤作用也已经完成，强度的增长则主要依赖胶结料的水化，在材料养护前期，胶结料水化速度较快，强度增长较快，而后期水化反应基本完成，水化速度放缓，因此基层材料强度增长很慢。

（2）全粒径钢渣集料基层材料的抗压回弹模量远高于天然集料基层材料。胶结料含量为 3.5% 时，S-G 组钢渣集料基层材料的 90d 抗压回弹模量最大，为 1712MPa，比 S-T 组天然集料基层材料高了 42.7%，这表明全粒径钢渣基层材料的刚度较大。这依旧与钢渣集料自身性质有关，钢渣集料的比重大，压碎值小，自身比较"硬"，与天然集料相比，钢渣集料基层材料在承受相同荷载时，发生的弹性形变小。

（3）钢渣微粉的掺入降低了基层材料的抗压回弹模量，但随着养护时间的增长，钢渣微粉带来的负面影响越来越小。钢渣微粉是采用内掺的方式掺入到水泥中，这会导致水泥的相对含量降低，而钢渣微粉的胶凝性能在养护后期才有体现。

（4）在同一养护龄期，胶结料含量增加时，基层材料的抗压回弹模量也相应增加，在 28d 时，水泥掺量由 3.5% 增长为 4% 时，S-G 组和 S-T 组的基层材料的抗压回弹模量分别增加了 14.1% 和 18.4%。这主要是胶结料含量增加时，其水化生成水泥石能更多、更好地黏结集料，使得基层材料的强度提升，从而提升基层材料的刚度。

5.2.5 钢渣-水泥基层材料收缩性能分析

半刚性基层材料在成型后，材料中的水分会通过两种方式损失：一是胶结料水化不断地消耗水，二是由于气候、环境因素导致的一部分水分的蒸发。基层材料不断的失水造成体积收缩，严重时会导致其出现收缩裂缝，从而引起路面面层的病害，因此需要对基层材料的干缩特性进行研究。本研究选择水泥-天然、水泥-钢渣、复合-天然、复合-钢渣（S-T、S-G、F-T、F-G）四种基层材料试件，对其收缩性能进行测试。

1）干缩性能分析

试验通过《公路工程无机结合料稳定材料试验规程》（JTG E51—2009）中规定的干燥收缩试验方法定量的进行测定，相关指标计算公式如下：

$$\omega_i = (m_i - m_{i+1})/m_p \tag{5-4}$$

$$\delta_i = (\sum_{j=1}^{4} X_{i,j} - \sum_{j=1}^{4} X_{i+1,j})/2 \tag{5-5}$$

$$\varepsilon_i = \frac{\delta_i}{L} \tag{5-6}$$

$$\alpha_{di} = \frac{\varepsilon_i}{\omega_i} \qquad (5\text{-}7)$$

$$\alpha_d = \frac{\sum \varepsilon_i}{\sum \omega_i} \qquad (5\text{-}8)$$

式中：ω_i——第 i 次失水率，%；

δ_i——第 i 次观测干缩量，mm；

ε_i——第 i 次干缩应变，%；

α_{di}——第 i 次干缩系数，%；

m_i——第 i 次标准试件称量质量，g；

$X_{i,j}$——第 i 次测试时第 j 个千分表的读数，mm；

L——标准试件的长度，mm；

m_p——标准试件烘干后恒量，g。

试验结果如表5-8所示。

钢渣基层材料的干缩试验结果   表5-8

龄期	F-G		F-T		S-G		S-T	
	累计失水率(%)	累计应变(10^{-6})	累计失水率(%)	累计应变(10^{-6})	累计失水率(%)	累计应变(10^{-6})	累计失水率(%)	累计应变(10^{-6})
1	0.78	40	0.58	45	0.76	40	0.75	50
2	1.21	57.5	1.05	65	1.23	57.5	1.16	60
3	1.41	62.5	1.37	65	1.46	70	1.47	67.5
4	1.43	62.5	1.46	70	1.53	75	1.57	70
5	1.46	67.5	1.50	80	1.53	80	1.58	85
6	1.48	75	1.54	95	1.55	83.75	1.62	102.5
7	1.53	80	1.62	103.75	1.60	92.5	1.68	115
8	1.59	82.5	1.69	106.25	1.65	95	1.72	115
9	1.64	92.5	1.76	131.25	1.71	97.5	1.83	140
10	1.71	105	1.84	132.5	1.78	100	1.90	152.5
11	1.77	107.5	1.93	147.5	1.81	100	1.98	165
12	1.79	110	1.95	150	1.87	110	2.01	175
13	1.85	115	2.02	166.25	1.92	122.5	2.06	180
14	1.87	120	2.05	166.25	1.95	122.5	2.10	182.5
15	1.89	122.5	2.07	170	1.97	130	2.13	182.5
16	1.93	122.5	2.12	175	2.01	135	2.18	185
17	1.97	122.5	2.16	177.5	2.05	135	2.21	190
18	1.99	125	2.19	180	2.07	135	2.23	192.5

续上表

龄期	F-G 累计失水率(%)	F-G 累计应变(10^{-6})	F-T 累计失水率(%)	F-T 累计应变(10^{-6})	S-G 累计失水率(%)	S-G 累计应变(10^{-6})	S-T 累计失水率(%)	S-T 累计应变(10^{-6})
19	2.02	127.5	2.23	187.5	2.09	140	2.27	200
20	2.04	127.5	2.24	190	2.1	141.2	2.29	207.5
21	2.07	127.5	2.27	190	2.13	142.5	2.31	212.5
22	2.08	133.75	2.30	205	2.17	145	2.34	217.5
23	2.10	142.5	2.32	208.7	2.19	152.5	2.34	217.5
24	2.12	145	2.33	212.5	2.20	157.5	2.37	220
25	2.14	147.5	2.33	216.25	2.21	160	2.39	222.5
26	2.15	150	2.34	218.75	2.21	162.5	2.42	225
27	2.16	152.5	2.35	218.75	2.22	167.5	2.43	227.5
28	2.16	152.5	2.35	218.75	2.22	167.5	2.43	227.5
29	2.16	152.5	2.35	218.75	2.22	167.5	2.43	227.5
30	2.16	152.5	2.35	218.75	2.22	167.5	2.43	227.5

将4种基层材料的累计失水率随时间的变化绘制成折线图,见图5-14。

分析表5-8和图5-14可知:

(1)4种基层材料的失水率变化趋势大体相同。在试验早期(0~5d)时,各曲线斜率最大,累计失水率变化最快,表明基层材料在成形后的前5d内失水量最大,这主要是因为在试验开始阶段,试样表面湿润,试件的表面自由水很多,而自由水很容易蒸发,所以试验早期失水率较大。试验中期(6d~25d),基层材料的累计失水率缓慢增加,失水速率降低,主要原因是中期基层材料表面的自由水蒸发结束,基层材料内部的自由水和吸附水水分开始缓慢地蒸发,胶结料的水化速率在这一阶段也逐渐降低。试验后期(26d~30d),各曲线趋于平缓,失水速率进一步降低,逐渐趋于0,这一阶段,基层材料内部的水分基本蒸发基本结束,基层材料趋于稳定。

(2)在试验早期,全钢渣基层材料的累计失水率与天然集料基层材料基本一致,而中后期,钢渣集料基层材料的累计失水率低于天然集料基层材料。结合击实试验结果,钢渣基层材料的最佳含水率高于天然集料基层材料,所以在试验早期钢渣基层材料相对天然集料基层材料含有较多水分自由水,蒸发作用明显,失水率较大,在中后期,钢渣集料因内部孔隙较多,储存了较多的水分,胶结料进行水化反应堵住了部分孔,使得水分蒸发变慢,加之钢渣本身也能发生水化反应,消耗部分水分,使得钢渣集料基层材料失水率较低。

(3)在同种集料下,掺入钢渣微粉的基层材料累计失水率相较于纯水泥稳定基层材料的累计失水率更低,但降低的幅度不大。原因是钢渣微粉的比表面积比较大,能吸附较多的水,在实验中后期,钢渣微粉发生水化会消耗部分水分,抑制水分的蒸发,降低累计失水率。

通过计算得出 4 种基层材料的累计干缩应变,并将其绘制成折线图,见图 5-15。

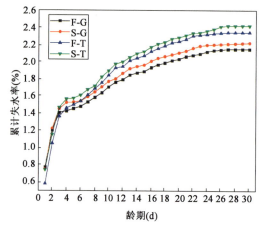

图 5-14 钢渣基层材料的累计失水率随龄期的变化

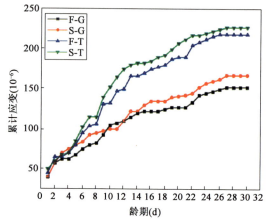

图 5-15 钢渣基层材料的累计干缩应变随龄期的变化

分析表 5-8 和图 5-15 可知:

(1)与累计失水率类似,累计干缩应变也是早期增长速度快,中期增长速度降低,曲线缓慢上升,后期增长速度逐渐降低,曲线逐渐平缓,基层材料的累计应变基本不再上升。这从试验角度验证了 5.4.1 中干缩机理的分析,也说明了基层材料的干燥收缩主要发生在成形早期,因此成形早期的养护对基层材料的性能影响很大。

(2)使用全钢渣作为集料时,基层材料的累计干缩应变明显比普通基层材料小。钢渣集料的浸水膨胀率试验研究表明,密实的级配钢渣在水中会发生一定程度的膨胀,具有一定的微膨胀效应,与浸水膨胀试验环境不同,钢渣基层材料干缩试验的温度低,故钢渣集料体积膨胀速度放缓,随着龄期的增加,钢渣集料缓慢进行微膨胀,抵消了一部分的干燥体积收缩,这也说明了全粒径钢渣基层材料的抗干燥收缩能力强。

(3)当使用同种集料时,掺入钢渣微粉的基层材料累计干缩应变比不含钢渣微粉的基层材料略小(F-G＜T-G;F-T＜S-T),表明钢渣微粉掺入时,能一定程度上缓解基层材料的干缩应变。研究表明,基层材料的水泥含量越高,干缩应变越大,钢渣微粉是代替部分水泥掺入基层材料中的,这使得基层材料中水泥的相对含量更低,加之钢渣的微膨胀效应,导致基层材料的累计干缩应变略有降低。

表 5-9 为 4 种基层材料的总干缩系数表。全钢渣集料基层材料的总干缩系数明显小于普通基层材料,表明全钢渣集料基层材料具有良好的抗干燥收缩性能。F-G 组的基层材料的总干缩系数最小,S-T 组的基层材料的干缩系数最大,F-G 组的基层材料同时使用了钢渣微粉和钢渣集料,水泥用量也是最小,所以其总干缩系数最小。

基层材料的总干缩系数(10^{-6})　　　　　表 5-9

编号	F-G	S-G	F-T	S-T
总干缩系数	70.1	75.2	93.2	96.9

2) 温缩性能分析

基层材料在温度变化时会产生温度收缩,当温度变化引起的温度收缩量较大时,可能引起材料开裂,进而影响沥青路面形成反射裂缝。为了探究温度变化对钢渣基层材料收缩性能的影响,采用应变片法,对钢渣集料基层材料的温缩系数进行测试,温缩系数计算公式如下:

$$\alpha_t = \frac{\varepsilon_i}{t_i - t_{i-1}} + \beta_s \tag{5-9}$$

式中:t_i——温度控制程序设定的第 i 个温度区间,℃;

ε_i——第 i 个温度下的平均收缩应变,%;

α_t——温缩系数,指单位温度变化下材料的线收缩系数;

β_s——温度补偿标准件的线膨胀系数。

试验结果如表 5-10、图 5-16 所示。

基层材料在不同温度范围的温缩系数　　　　表 5-10

温度范围 (℃)	温缩系数(10^{-6}/℃)			
	S-T	F-T	S-G	F-G
-10 ~ -5	3.7	5.3	5.8	5.2
-5 ~ 0	3.68	4.2	3.6	5.9
0 ~ 5	1.4	2.5	3.3	5.1
5 ~ 10	2.9	3.0	3.7	4.7
10 ~ 15	2.9	3.7	4.3	4.6
15 ~ 20	3.1	3.3	4.3	4.3
20 ~ 25	2.9	3.9	3.9	4.7
25 ~ 30	2.9	3.7	4.3	5.0
30 ~ 35	3.5	3.7	4.7	5.2
35 ~ 40	3.1	3.2	4.3	4.8
40 ~ 45	3.1	4.4	4.7	4.6
45 ~ 50	3.1	4.2	4.8	5.4
50 ~ 55	4.5	5.1	6.2	7.7
55 ~ 60	4.7	6.8	8.3	7.9

分析表 5-10、图 5-16 可知:

(1)同一温度范围下,天然集料基层材料的温缩系数比钢渣基层材料的温缩系数小,掺钢渣微粉的基层材料温缩系数比不含钢渣微粉的基层材料大,表明全粒径钢渣集料基层材料容易因环境温度变化而发生体积变化,与其干缩特性正好相反。这可以从基层材料固相的热变形性解释,由热膨胀系数试验可以得到,钢渣的热膨胀系数为 130×10^{-6},石灰岩为 10.4×10^{-6},钢渣集料自身的热膨胀率系数较高,相同温度范围内,钢渣的体积膨胀更多。另一方面,钢渣具有胶凝性能,水化产物为 C-S-H 凝胶,这些组分的温度收缩系数也比石灰岩大,并且钢渣的水化使得基层材料的固相体系更为复杂,这些组分的共同作用使得全钢渣基层材料的温度系数值较高。

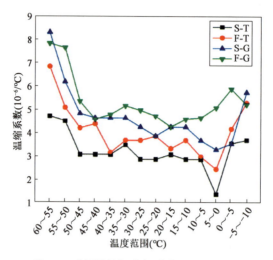

图 5-16　基层材料在不同温度范围的温缩系数

（2）基层材料不同温度区间的温缩系数各不相同,同一基层材料中,当温度从 60℃降低至 45℃时,材料的温缩系数明显减小,当温度范围在 5℃～45℃时,材料的温缩系数变化总体不大,处于较低水平,而温度从 5℃下降至 -10℃时,基层材料的温缩系数又有一定程度的上升,但上升幅度不大。这表明高温（45℃～60℃）和低温（-10℃～5℃）时,基层材料对温度的变化更敏感,温度收缩大,易出现裂缝。

第6章　钢渣沥青混凝土性能分析

沥青混凝土路面具有摊铺速度快、维护方便快捷、低噪声、抗滑性能良好、行车舒适等优点。沥青混凝土主要由集料、填料与沥青胶结料加热拌和而成，集料在沥青混凝土中起骨架支撑作用，是沥青路面质量控制的关键。沥青路面用集料应具有抗力学破坏性能良好、表面粗糙、与沥青黏附性能良好等特性。钢渣具有耐磨、抗滑、与沥青黏附性能良好等特点，是潜在的优质沥青路面用集料资源。若通过技术研究将钢渣作为路面铺筑材料加以利用，提高钢渣的资源化率，既可以缓解道路行业天然资源短缺的困境，又能实现钢渣的资源化再利用，减少其对自然环境的危害。本章对钢渣对不同级配类型沥青混凝土性能的影响、沥青的选择性吸附性能、钢渣-沥青界面特性等进行了系统研究，为钢渣在沥青路面中的高质量应用提供指导。

6.1　钢渣沥青混凝土路用性能分析

6.1.1　钢渣沥青混凝土配合比设计

1）ATB-25 配合比设计

（1）全组分钢渣 ATB-25。

对配合比设计试验所用的钢渣集料及矿粉分别进行筛分试验，具体筛分结果见表6-1。

原材料筛分试验结果（通过率，%）　　　　　表6-1

筛孔尺寸(mm)		31.5	26.5	19	16	13.2	9.5	4.75	2.36	1.18	0.6	0.3	0.15	0.075
矿料粒径	18~30mm	100.0	91.0	16.0	4.1	2.1	0.4	0.3	0.3	0.3	0.3	0.3	0.3	0.3
	11~18mm	100.0	100.0	95.5	56.0	21.0	0.6	0.2	0.2	0.2	0.2	0.2	0.2	0.1
	6~11mm	100.0	100.0	100.0	100.0	100.0	43.0	1.3	0.2	0.2	0.2	0.2	0.2	0.1
	3~6mm	100.0	100.0	100.0	100.0	100.0	100	22.0	4.2	2.2	1.2	1.2	1.2	0.3
	0~3mm	100.0	100.0	100.0	100.0	100.0	100	98.0	61.0	38.0	24.0	12.0	4.0	1.2
矿粉		100.0	100.0	100.0	100.0	100.0	100	100.0	100	100	100	94.5	88.5	81.3

根据原材料筛分结果，采取全组分钢渣进行设计，确定各矿料所占体积百分比为：(18~30mm)：(11~18mm)：(6~11mm)：(3~6mm)：(0~3mm)：矿粉 = 30:21:9:8:28:4，矿料合

成级配通过率及钢渣沥青混凝土合成级配曲线分别见表6-2和图6-1。

ATB-25 全组分钢渣集料合成级配　　表6-2

筛孔尺寸(mm)	31.5	26.5	19	16	13.2	9.5	4.75	2.36	1.18	0.6	0.3	0.15	0.075
级配上限(%)	100.0	100.0	80.0	68.0	62.0	52.0	40.0	32.0	25.0	18.0	14.0	10.0	6.0
级配下限(%)	100.0	90.0	60.0	45.0	42.0	32.0	20.0	15.0	10.0	8.0	5.0	3.0	2.0
级配中值(%)	100.0	95.0	70.0	58.0	52.0	42.0	30.0	23.5	17.5	13.0	9.5	6.5	4.0
合成级配(%)	100.0	97.3	74.6	61.7	51.2	40.2	30.4	22.5	17.9	13.4	9.7	7.7	4.2

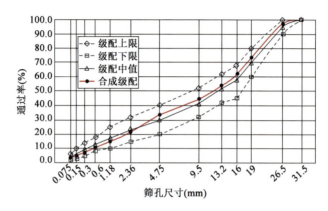

图6-1　ATB-25全组分钢渣沥青混凝土合成级配曲线

根据筛分结果拟合的各档材料比例进行沥青混合料的马歇尔试验,优选出该配合比的最佳油石比,并对最佳油石比条件下的混合料进行验证试验,配合比采用2.6%、2.9%、3.2%、3.5%、3.8%五个油石比进行马歇尔试验,各油石比条件下的马歇尔试验结果见表6-3及图6-2。

钢渣粗集料 ATB-25 马歇尔试验结果汇总　　表6-3

油石比(%)	2.6	2.9	3.2	3.5	3.8	技术要求
最大理论密度(计算)	3.424	3.402	3.384	3.360	3.293	—
毛体积相对密度	3.211	3.216	3.256	3.238	3.205	—
空隙率(%)	6.2	5.5	3.8	3.6	2.7	3~6
矿料间隙率(%)	13.16	13.28	12.46	13.19	14.33	≥12%
饱和度(%)	52.74	58.83	69.64	72.48	81.35	55~70
稳定度(kN)	11.79	13.68	15.34	16.12	12.34	≥7.5
流值(0.1mm)	26.8	29.6	33.2	36.5	45.4	15~40

从图6-2油石比优选结果可以看出:

击实密度最大$a_1=2.6$;稳定度最大$a_2=3.5$;生产空隙率3.8%时对应$a_3=3.20$;沥青饱和度范围的中值$a_4=(3.2+3.5)/2=3.35$,则有:

$$OAC_1 = (a_1+a_2+a_3+a_4)/4 = 3.16 \tag{6-1}$$

各项指标满足要求的:满足各项指标下限时取得$OAC_{min}=2.9$;满足各项指标上限时,取得$OAC_{max}=3.5$,则有:

$$OAC_2 = (OAC_{min} + OAC_{max})/2 = 3.20 \tag{6-2}$$

计算得:最佳油石比为 $OAC = (OAC_1 + OAC_2)/2 = 3.18$;取整得 3.2%,换算成沥青用量为 3.1%。

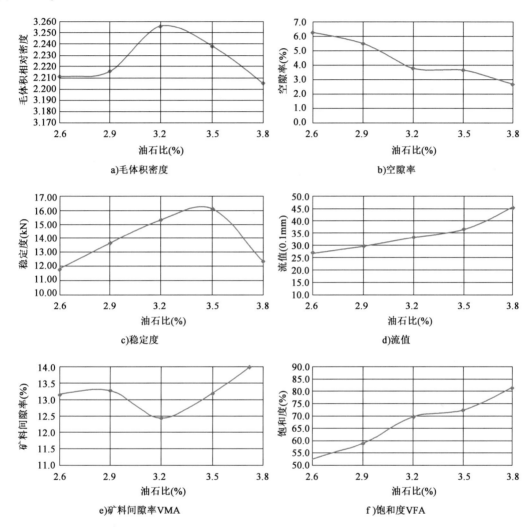

图 6-2 ATB-25 全组分钢渣马歇尔试验油石比优选图

根据马歇尔击实试验和油石比优选试验结果,确定该混凝土最佳油石比为 3.2%,在该油石比条件下分别进行混凝土的水稳定性和高温稳定性验证,具体试验结果见表 6-4。

ATB-25 沥青混凝土性能验证试验结果 表 6-4

最佳油石比(%)	3.2	设计要求
理论最大密度	3.384	—
击实试件毛体积相对密度	3.256	—
空隙率(%)	3.8	3~6
马歇尔稳定度(kN)	15.34	≥7.5

续上表

流值(0.1mm)	33.2	15~40
矿料间隙率(%)	12.46	≥12.0
沥青饱和度(%)	69.64	55~70
浸水残留稳定度(%)	91.2	≥75
冻融劈裂残留强度比(%)	86.2	≥70
膨胀量(%)	0.3	<1.5
车辙动稳定度(次/mm)	6300	>2800

通过上述试验,确定 ATB-25 沥青混凝土配合比设计结果如表 6-5 所示。

ATB-25 全组分沥青混凝土配合比设计结果(油石比 3.2%)　　表 6-5

材料	钢渣					矿粉
	18~30mm	11~18mm	6~11mm	3~6mm	0~3mm	
质量比例(%)	30	21	9	8	28	4

(2)部分钢渣 ATB-25。

对配合比设计所用碎石及矿粉分别进行筛分试验,结果见表 6-6。

原材料筛分试验结果(通过率%)　　表 6-6

	筛孔尺寸(mm)	31.5	26.5	19	16	13.2	9.5	4.75	2.36	1.18	0.6	0.3	0.15	0.075
矿料粒径	18~30mm	100.0	91.0	23.0	4.1	2.1	0.4	0.3	0.3	0.3	0.3	0.3	0.3	0.3
	11~18mm	100.0	100.0	91.0	63.2	25.1	0.6	0.2	0.2	0.2	0.2	0.2	0.2	0.1
	6~11mm	100.0	100.0	100.0	100.0	100.0	66.2	1.3	0.2	0.2	0.2	0.2	0.2	0.1
	3~6mm	100.0	100.0	100.0	100.0	100.0	100	69.0	4.2	2.2	1.2	1.2	1.2	0.3
	0~3mm 机制砂	100.0	100.0	100.0	100.0	100.0	100	99.7	82.1	61.6	41.5	25.6	17.6	3.8
矿粉		100.0	100.0	100.0	100.0	100.0	100	100.0	100	100	100	94.5	88.5	81.3

根据原材料筛分结果,细集料使用天然集料,密度与钢渣差异较大,使用等体积置换方法,设计沥青混凝土矿料级配。确定各矿料所占体积百分比为:(18~30mm):(11~18mm):(6~11mm):(3~6mm):(0~3mm):矿粉=31:27:12:7:19:4,矿料合成通过率及级配合成曲线分别见表 6-7 和图 6-3。

ATB-25 矿料合成级配　　表 6-7

筛孔尺寸(mm)	31.5	26.5	19	16	13.2	9.5	4.75	2.36	1.18	0.6	0.3	0.15	0.075
级配上限(%)	100.0	100.0	80.0	68.0	62.0	52.0	40.0	32.0	25.0	18.0	14.0	10.0	6.0
级配下限(%)	100.0	90.0	60.0	45.0	42.0	32.0	20.0	15.0	10.0	8.0	5.0	3.0	2.0
级配中值(%)	100.0	95.0	70.0	58.0	52.0	42.0	30.0	23.5	17.5	13.0	9.5	6.5	4.0
合成级配(%)	100.0	97.3	74.6	61.7	51.2	40.2	30.4	22.5	17.9	13.4	9.7	7.7	4.2

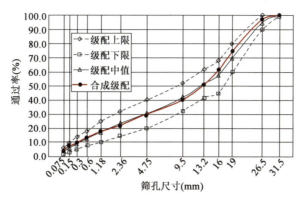

图 6-3　ATB-25 部分钢渣沥青混凝土合成级配曲线图

根据筛分结果拟合的各档材料比例进行沥青混合料的马歇尔试验,优选出该配合比的最佳油石比,并对最佳油石比条件下的混合料进行验证试验,本配合比采用 2.6%、2.9%、3.2%、3.5%、3.8% 五个油石比进行马歇尔试验,各油石比条件下的马歇尔试验结果见表 6-8 及图 6-4。

钢渣粗集料 ATB-25 马歇尔试验结果汇总　　　　　表 6-8

油石比(%)	2.6	2.9	3.2	3.5	3.8	技术要求
最大理论密度(计算)	3.28	3.258	3.240	3.216	3.149	—
毛体积相对密度	3.073	3.078	3.118	3.100	3.067	—
空隙率(%)	6.3	5.5	3.8	3.6	2.6	3~6
矿料间隙率(%)	12.70	12.82	11.94	12.70	13.88	≥12
饱和度(%)	50.32	56.89	68.47	71.60	81.24	55~70
稳定度(kN)	10.91	12.80	14.46	18.24	14.46	≥7.5
流值(0.1mm)	28.2	31.0	34.6	37.9	46.8	15~40

从油石比优选结果可以看出:

击实密度最大 $a_1 = 2.6$;稳定度最大 $a_2 = 3.5$;生产空隙率 3.8% 时对应 $a_3 = 3.2$;沥青饱和度范围的中值 $a_4 = (3.2 + 3.5)/2 = 3.35$,则有:

$$OAC_1 = (a_1 + a_2 + a_3 + a_4)/4 = 3.16 \tag{6-3}$$

各项指标满足要求的:满足各项指标下限时取得 $OAC_{min} = 2.9$;满足各项指标上限时,取得 $OAC_{max} = 3.5$,则有:

$$OAC_2 = (OAC_{min} + OAC_{max})/2 = 3.2 \tag{6-4}$$

计算得:最佳油石比为 $OAC = (OAC_1 + OAC_2)/2 = 3.18$;取整得 3.2%,换算成沥青用量为 3.1%。

根据马歇尔击实试验和油石比优选试验结果,确定该混凝土最佳油石比为 3.1%,在该油石比条件下分别进行混凝土的水稳定性和高温稳定性验证,具体试验结果见表 6-9。

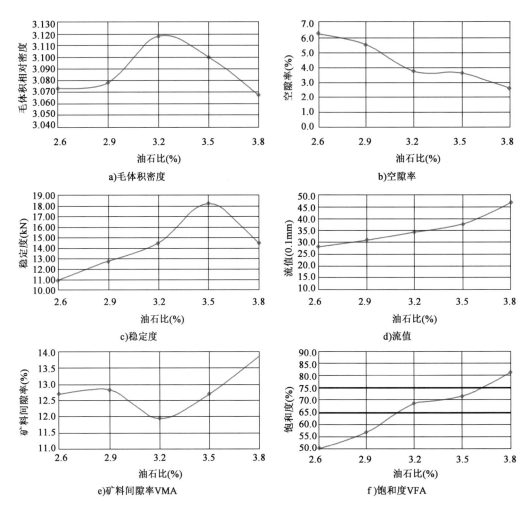

图 6-4 ATB-25 部分钢渣马歇尔试验油石比优选图

ATB-25 沥青混凝土性能验证试验结果 表 6-9

最佳油石比(%)	3.1	设计要求
理论最大相对密度	3.240	—
击实试件毛体积相对密度	3.118	—
空隙率(%)	3.8	3~6
马歇尔稳定度(kN)	14.46	≥7.5
流值(0.1mm)	34.6	15~40
矿料间隙率(%)	11.94	≥12.0
沥青饱和度(%)	68.47	55~70
浸水残留稳定度(%)	92.6	≥75

续上表

冻融劈裂残留强度比(%)	87.5	≥70
膨胀量(%)	0.2	<1.5
车辙动稳定度(次/mm)	5600	>2800

通过上述试验,确定 ATB-25 沥青混凝土配合比设计结果如表 6-10 所示。

ATB-25 沥青混凝土配合比设计结果(油石比 3.2%) 表 6-10

材料	钢渣				机制砂	矿粉
	18~30mm	11~18mm	6~11mm	3~6mm	0~3mm	
体积比例(%)	30	26	12	6	22	4
质量比例(%)	31	27	12	7	19	4

2)AC-20 配合比设计

对配合比设计试验所用的碎石以及矿粉分别进行筛分试验,具体筛分结果见表 6-11。

原材料筛分试验结果(通过率,%) 表 6-11

筛孔尺寸(mm)		26.5	19	16	13.2	9.5	4.75	2.36	1.18	0.6	0.3	0.15	0.075
矿料粒径	19~26.5mm	100.0	0.4	0.4	0.4	0.4	0.4	0.4	0.4	0.4	0.4	0.4	0.4
	9.5~19mm	100	100	83.1	51.3	1.0	0.5	0.5	0.5	0.5	0.5	0.5	0.5
	4.75~9.5mm	100	100	100	96	89.0	1.0	0.5	0.5	0.5	0.5	0.5	0.5
	2.36~4.75mm	100	100	100	100	100	100	1.0	0.5	0.5	0.5	0.5	0.5
	0~2.36mm	100	100	100	100	100	100	100	86.2	58.0	35.0	23.6	14.9	8.6
矿粉		100	100	100	100	100	100	100	100	100	100	98.3	95.2

根据原材料筛分结果,细集料使用天然集料,密度与钢渣差异较大,使用等体积置换方法,设计沥青混凝土矿料级配。同时因原集料 10~20mm 档集料不能完全满足设计级配曲线要求,对 16~19mm 档集料进行了单独筛分,确定各矿料所占体积百分比为:(19~26.5mm):(16~19mm):(9.5~19mm):(4.75~9.5mm):(2.36~4.75mm):(0~2.36mm):矿粉 = 6:6:23:26:9:27:3,矿料合成通过率及级配合成曲线分别见表 6-12 和图 6-5。

AC-20 矿料合成级配通过率 表 6-12

筛孔尺寸(mm)	26.5	19	16	13.2	9.5	4.75	2.36	1.18	0.6	0.3	0.15	0.075
级配上限(%)	100	100	92	80	70	47	34	24	18	13	10	7
级配下限(%)	100	90	76	64	54	35	22	13	8	6	5	3
级配中值(%)	100	95.0	84.0	72.0	62.0	41.0	28.0	18.5	13.0	9.5	7.5	5.0
合成级配(%)	100.0	94.0	84.2	75.9	62.4	39.4	26.7	19.0	12.8	9.7	7.3	5.5

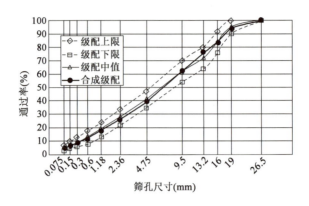

图 6-5　AC-20 沥青混凝土合成级配曲线图

根据筛分结果拟合的各档材料比例进行沥青混合料的马歇尔试验，优选出该配合比的最佳油石比，并对最佳油石比条件下的混合料进行验证试验，本配合比采用 3.9%、4.2%、4.5%、4.8%、5.1% 五个油石比进行马歇尔试验，各油石比条件下的马歇尔试验结果见表 6-13 及图 6-6。

钢渣粗集料 AC-20 马歇尔试验结果汇总　　　　　　　　　　　　　表 6-13

油石比(%)	3.9	4.2	4.5	4.8	5.1	技术要求
最大理论密度(计算)	3.085	3.065	3.034	2.981	2.951	—
毛体积相对密度	2.908	2.923	2.932	2.922	2.893	—
空隙率(%)	5.751	4.651	3.349	1.966	1.957	3~6
矿料间隙率(%)	14.32	14.15	14.14	14.19	15.30	≥13
饱和度(%)	58.40	65.92	75.45	86.15	87.21	65~75
稳定度(kN)	12.12	14.15	12.85	12.69	11.04	≥8.0
流值(0.1mm)	31.2	34.9	37.1	38.3	44.7	15~40

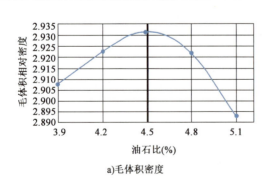
a) 毛体积密度

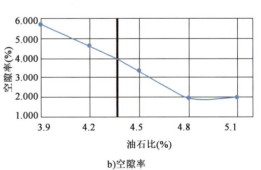
b) 空隙率

图 6-6

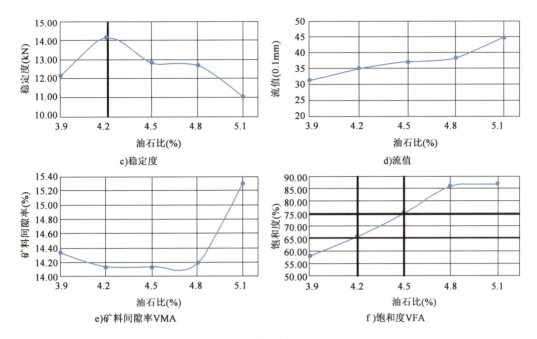

图 6-6 AC-20 马歇尔试验油石比优选图

从表 6-13、图 6-6 油石比优选结果可以看出：

击实密度最大 $a_1=4.5$，稳定度最大 $a_2=4.2$，生产空隙率 4.0% 时对应 $a_3=4.36$，沥青饱和度范围的中值 $a_4=(4.2+4.5)/2=4.35$。

$$OAC_1=(a_1+a_2+a_3+a_4)/4=4.36 \qquad (6\text{-}5)$$

各项指标满足要求的：满足各项指标下限时取得 $OAC_{min}=4.2$；满足各项指标上限时，取得 $OAC_{max}=4.5$，则有：

$$OAC_2=(OAC_{min}+OAC_{max})/2=4.35 \qquad (6\text{-}6)$$

计算得：最佳油石比为 $OAC=(OAC_1+OAC_2)=4.36$；取整得 4.4%，换算成沥青用量为 4.2%。

3）AC-16 配合比设计

对配合比设计试验所用的碎石以及矿粉分别进行筛分试验，具体筛分结果见表 6-14。

原材料筛分试验结果（通过率%） 表 6-14

	筛孔尺寸(mm)	19	16	13.2	9.5	4.75	2.36	1.18	0.6	0.3	0.15	0.075
矿料粒径	9.5~19mm	100	83.1	51.3	1.0	0.5	0.5	0.5	0.5	0.5	0.5	0.5
	4.75~9.5mm	100	100	96	89.0	1.0	0.5	0.5	0.5	0.5	0.5	0.5
	2.36~4.75mm	100	100	100	100	100	1.0	0.5	0.5	0.5	0.5	0.5
	0~2.36mm	100	100	100	100	100	86.2	58.0	35.0	23.6	14.9	8.6
	矿粉	100	100	100	100	100	100	100	100	100	98.3	95.2

根据原材料筛分结果，细集料使用天然集料，密度与钢渣差异较大，使用等体积置换方法，设计沥青混凝土矿料级配。确定各矿料所占体积百分比为：(9.5~19mm)：(4.75~9.5mm)：

(2.36～4.75mm)∶(0～2.36mm)∶矿粉＝29∶27∶11∶30∶3,矿料合成通过率及级配合成曲线分别见表6-15和图6-7。

AC-16矿料合成级配通过率(％)　　　　　　　　　　　　表6-15

筛孔尺寸(mm)	19	16	13.2	9.5	4.75	2.36	1.18	0.6	0.3	0.15	0.075
级配上限(％)	100	100	90	76	52	38	26	19	15	12	7
级配下限(％)	100	90	78	65	42	26	15	10	7	5	3
级配中值(％)	100	95.0	84.0	70.5	47.0	32.0	20.5	14.5	11	8.5	5.0
合成级配(％)	100	95.1	84.9	68.3	44.4	29.3	20.7	13.8	10.4	7.8	5.8

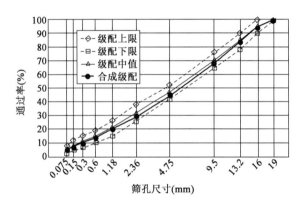

图6-7　AC-16沥青混凝土合成级配曲线图

根据筛分结果拟合的各档材料比例进行沥青混合料的马歇尔试验,优选出该配合比的最佳油石比,并对最佳油石比条件下的混合料进行验证试验,配合比采用3.9％、4.2％、4.5％、4.8％、5.1％五个油石比进行马歇尔试验,各油石比条件下的马歇尔试验结果见表6-16及图6-8。

钢渣粗集料AC-16马歇尔试验结果汇总　　　　　　　　　表6-16

油石比(％)	3.9	4.2	4.5	4.8	5.1	技术要求
最大理论密度(计算)	3.034	3.017	3.001	2.984	2.963	—
毛体积相对密度	2.858	2.869	2.879	2.881	2.873	—
空隙率(％)	5.8	4.9	4.0	3.4	3.0	3～6
矿料间隙率(％)	14.2	14.2	14.1	14.3	14.9	≥14
饱和度(％)	59.2	65.3	71.4	75.9	79.6	65～75
稳定度(kN)	17.1	19.6	21.0	18.8	17.0	≥8.0
流值(0.1mm)	31.2	34.9	37.1	38.3	44.7	20～40

从图6-8油石比优选结果可以看出：

击实密度最大$a_1=4.7$,稳定度最大$a_2=4.48$,生产空隙率4.5％时对应$a_3=4.3$,沥青饱和度范围的中值$a_4=(4.2+4.74)/2=4.47$,则有：

$$OAC_1=(a_1+a_2+a_3+a_4)/4=4.4875 \tag{6-7}$$

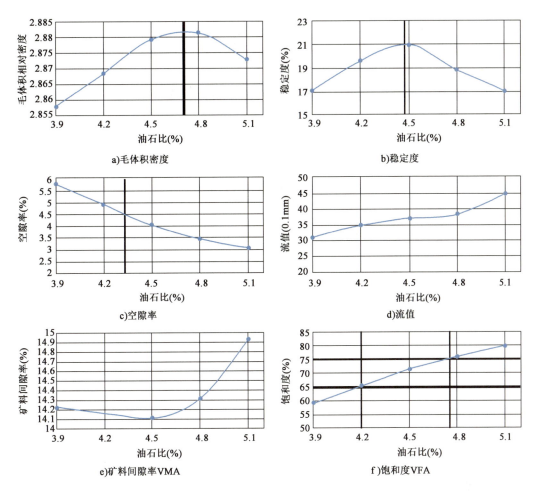

图 6-8 AC-16 马歇尔试验油石比优选图

各项指标满足要求的:满足各项指标下限时取得 $OAC_{min}=4.2$,满足各项指标上限时,取得 $OAC_{max}=4.74$,则有:

$$OAC_2=(OAC_{min}+OAC_{max})/2=4.47 \quad (6-8)$$

计算得:最佳油石比为 $OAC=(OAC_1+OAC_2)=4.48$,取整得 4.5%,换算成沥青用量为 4.3%。

6.1.2 钢渣沥青混凝土路用性能研究

为进一步探究钢渣集料对沥青混合料的路用性能的影响,对比研究了 AC-16 钢渣沥青混合料和玄武岩沥青混合料的路用性能。

1)水稳定性

对钢渣沥青混合料和玄武岩沥青混合料经过传统静水处理后,进行水稳定性能测试,测试结果见图 6-9。

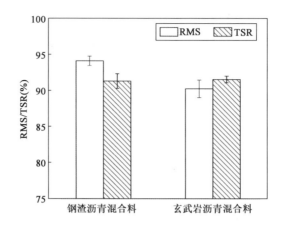

图 6-9　钢渣和玄武岩沥青混合料水稳定性能

分析图 6-9 可知,与玄武岩沥青混合料相比,钢渣沥青混合料的残余马歇尔稳定度(RMS)要高,其拉伸强度比(TSR)值有所降低,但仍远远超出规范要求。因此,采用该钢渣作为粗集料对混合料的水稳定性没有不利的影响,反而还有所改善。这是因为试验采用的钢渣碱度较高,并且其高孔隙率和大比表面积使其与沥青的黏附性较大,抗水损害能力比较强。同时,钢渣中的钙、铁、镁、铝等金属阳离子能与沥青中的酸性物质发生化学反应生成黏结力强的沥青酸盐,提高钢渣表面对沥青的黏附能力。

为了更真实地反映钢渣沥青混合料在路面的实际抗水损害效果,采用了水敏感性测试仪器(MIST)动水损害试验方法。MIST 可模拟试件在动水压力下的水损害,其模拟真实水损害的可靠度高达 95%,远高于传统浸水损害模拟的 80% 的可靠度。MIST 模拟时将传统方法中的 60℃ 水浴条件换成 60℃ 和 40psi(约 0.28MPa)的动水压力环境,其他试验条件保持不变,MIST 动水损害处理后的两种沥青混合料水稳定性能试验结果见图 6-10。

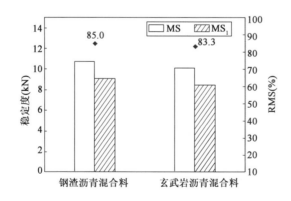

图 6-10　动水损害处理后两种沥青混合料水稳定性能结果

2)高温稳定性

对钢渣沥青混合料和玄武岩沥青混合料进行高温车辙试验,测试结果如表 6-17 所示。

第6章 钢渣沥青混凝土性能分析

钢渣和玄武岩沥青混合料车辙试验结果 表6-17

混合料类型	45min 位移(mm)	60min 位移(m)	动稳定度(次/mm)	技术要求
钢渣	1.736	1.924	3468	≥800 次
玄武岩	1.767	1.991	2813	

分析表6-17可知,钢渣沥青混合料的位移深度较玄武岩沥青混合料的要低,其动稳定度大约是玄武岩沥青混合料的1.2倍,这表明钢渣集料能明显改善沥青混合料的高温性能。这是由于钢渣集料颗粒棱角丰富,同时其表面纹理粗糙,能很好地裹覆沥青,表现出良好的黏结性能。此外,钢渣集料能通过众多的表面孔隙吸收大量的自由沥青,提高混合料中结构沥青的比例,从而增强混合料的高温稳定性。

3) 低温稳定性

对钢渣沥青混合料和玄武岩沥青混合料进行低温弯曲试验,测试结果如表6-18所示。

钢渣和玄武岩沥青混合料三点弯曲试验结果 表6-18

沥青混合料类型	破坏荷载(kN)	抗弯拉强度(MPa)	弯拉应变($\mu\varepsilon$)	劲度模量(MPa)	弯曲应变能(10^{-3} N·m)
钢渣	1.5436	11.950	3942	3031	257
玄武岩	1.3026	9.628	3218	2991	231

分析表6-18可知,钢渣沥青混合料的各项性能指标均高于玄武岩沥青混合料。弯拉应变和弯曲应变能常用来评估混合料低温下的抗裂性能,测试结果中两者的数值都远高于规范要求,其中钢渣沥青混合料的弯拉应变较玄武岩沥青混合料提升了21.8%,弯曲应变能提升了11.3%。弯拉应变越大表明钢渣沥青混合料在低温下对应力的响应更快,代表其低温抗裂性能越好。这是因为与玄武岩粗集料相比,钢渣具有更为丰富的棱角,这使得沥青填充在集料间隙后的嵌挤效果更佳,在低温荷载的作用下能提供更大的应变能,可有效缓解其发生脆性断裂。

4) 疲劳性能

对钢渣沥青混合料和玄武岩沥青混合料进行四点弯曲试验,测试结果如表6-19所示。

钢渣和玄武岩沥青混合料四点弯曲疲劳试验结果 表6-19

混合料类型	应变水平($\mu\varepsilon$)	疲劳寿命(次)	$\lg\varepsilon$($\mu\varepsilon$)	$\lg N_f$(次)
钢渣	500	78290	2.70	4.89
	600	35861	2.78	4.55
	700	27679	2.85	4.44
	800	10752	2.90	4.03
玄武岩	500	56365	2.70	4.75
	600	32167	2.78	4.51
	700	15806	2.85	4.20
	800	8524	2.90	3.93

分析表6-19可知,钢渣沥青混合料的各项性能指标均高于玄武岩沥青混合料。从表中数据可以看出,疲劳寿命随应变水平的增加而降低,钢渣沥青混合料的疲劳寿命远高于玄武岩沥

青混合料。这是因为与玄武岩粗集料相比,钢渣具有更为丰富的棱角和更高的压碎值,这使得沥青填充在集料间隙后的嵌挤效果更佳,使得钢渣沥青混合料抗疲劳性能更为突出。

6.2 钢渣与沥青界面性能研究

6.2.1 钢渣与沥青的黏附性能研究

表面能理论已广泛应用于分析沥青与集料间的界面性能。它是从材料自身属性出发,在微观层面解释沥青与集料的结合属性,并预测它们的分离能量。表面能定义为材料表面的原子由于未被其他原子紧密吸引而具有的过剩能量的总和。它的本质是能量,且可以吉布斯自由能量的概念来定义。材料中每一个分子皆是被其他分子所包围,也因此这些分子的能量要较材料表面的分子高。若要新建一个表面,需要将材料内部的分子释放出来,由此需要外界做一定量的功,这个功就等同于材料的自由能。

测量材料表面能的方法有很多,譬如万能吸附仪、转盘法、原力子显微镜、接触角测定等。本研究选用的是接触角法,这种方法复现性较好,而且试验结果较直观。

首先将钢渣、玄武岩磨成 10mm×10mm×1mm 的试样,上、下两面均用砂纸打磨光滑。而后将试样与基质沥青加热至135℃,采用滴管将液态沥青均匀滴入试样上。最后将待测样品放入高温显微镜中测量接触角,为了确定沥青的表面能,同样将基质沥青注入10mm×10mm×1mm 的试模中,待冷却后滴上甘油、去离子水及乙二醇,并依次测定液体与固态基质沥青的接触角。每种试样重复试验四次并取平均值以保证试验结果的准确性。结果如表6-20所示,所有角度值均是测定的液体与固体之间的前接触角。

接触角试验结果(°) 表6-20

材料	甘油		去离子水		乙二醇		沥青	
	平均	标准差	平均	标准差	平均	标准差	平均	标准差
钢渣	82.48	1.5	47.73	1.0	47.81	1.2	94.84	1.0
玄武岩	29.15	1.3	0	0.4	44.06	0.7	117.13	0.9
沥青	44.76	0.7	80.54	0.6	55.14	0.7	—	

分析试验结果可知,去离子水完全润湿了玄武岩,表明玄武岩是亲水性集料。钢渣与水之间尚有47.73°的角度,说明其对水有一定的疏离。而钢渣相较玄武岩表现出与沥青更好的润湿性,说明钢渣与沥青的结合会更加紧密。

确定了接触角后,可进一步计算得到沥青的表面能。其原理如下:

液体的表面张力为液体与气体间的张力以 γ_{gl} 表示,同样的固气间的界面张力以 γ_{gs} 表示。杨氏热力平衡方程可以用式(6-9)表示,其中 θ 为接触角。

$$\gamma_{gs} = \gamma_{gl}\cos\theta + \gamma_{ls} \tag{6-9}$$

此方程式右边 γ_{gl} 和 θ 可由仪器测量而得,然而尚有两个未知数,因此无法直接算出表面能 γ_{gs}。OWRK 模型假定表面张力是由分子色散力与极性力两独立因素加成。固液接触相间的界面张力可表述如下:

$$\gamma_{sl} = \gamma_s + \gamma_l - 2(\gamma_s^d \gamma_l^d)^{\frac{1}{2}} - 2(\gamma_s^p \gamma_l^p)^{\frac{1}{2}} \tag{6-10}$$

式中: γ_{sl}——界面张力;

γ_s、γ_s^d、γ_s^p——固体总表面能、色散分量和极性分量;

γ_l、γ_l^d、γ_l^p——测试液体表面张力、色散分量及极性分量。

且满足:

$$\gamma_s = \gamma_s^d + \gamma_s^p \tag{6-11}$$

$$\gamma_l = \gamma_l^d + \gamma_l^p \tag{6-12}$$

结合杨氏方程可得:

$$\gamma_l(1 + \cos\theta) = 2(\gamma_s^d \gamma_l^d)^{\frac{1}{2}} + 2(\gamma_s^p \gamma_l^p)^{\frac{1}{2}} \tag{6-13}$$

继而可以计算沥青与集料的黏附功:

$$W_{slv} = \gamma_{lv}(\cos\theta + 1) \tag{6-14}$$

若测定两种液体在固体表面的接触角,应用上述方程即可计算固体表面能及其色散、极性分量等。为了尽量降低测试液体各类对接触角的影响,分别测试三种液体在固体表面的接触角,组成超定方程组分析固体表面能。结果如表 6-21 所示。

基质沥青的表面能及其与钢渣、玄武岩的黏附功(mJ/m^2)   表 6-21

沥青	分散力 γ_s^d	极性力 γ_s^p	表面张力 γ_s	黏附功	
				钢渣	玄武岩
基质沥青	42.96	3.43	46.39	42.47	23.10

分析表 6-21 可知,钢渣与沥青的黏附功几乎是玄武岩与沥青之间的 2 倍,进一步说明,与玄武岩相比钢渣与沥青间的结合会更加紧密。

6.2.2 钢渣与沥青的黏附行为与机理研究

1)钢渣与沥青的黏附行为表征

(1)沥青与集料剥落率。

集料表面沥青膜的剥落是沥青与集料黏附失效的一种体现,因此可以利用沥青与集料剥落的难易程度来表征沥青与集料的黏附性,集料表面沥青膜抗剥落的能力越好,沥青与集料的黏附效果越强。通过计算沥青与集料的剥落率定量表征沥青与集料的黏附行为。评价沥青抗剥落能力一般分静态法和动态法两种,动态法力求模拟现场实际条件,规模较大。静态法是试验室常用的测试法、包括水煮法试验、水浸法试验等。目前常用的沥青与粗集料黏附性评价方法仍以水煮法、水浸法为主,在水煮或水浸的条件下,通过目测规定时间内裹附有沥青膜的粗集料的剥落面积百分率来确定黏附等级,缺乏定量评价指标,且受人为因素干扰大,试验结果的准确性不高。故利用水煮法和动水循环两种处理方式模拟实际路面水损害情况,分别计算沥青-集料模型在静态和动态下的剥落率,探究不同水环境下的沥青与集料黏附能力强弱。

①水煮法评价沥青与集料剥落率。

此次改进的水煮法试验设立5组粗集料,对三种钢渣与两种天然集料进行水煮法试验对比。

具体试验步骤为:

a. 取5个粒径在13~19mm且形状规则的粗集料,置于100℃的干燥箱中烘干,称重W_1;

b. 将上述粗集料分别悬挂并浸没于预先加热的沥青中,使粗集料中的集料颗粒完全被沥青膜包裹,然后拿出并静置一段时间,称重W_2;

c. 裹覆沥青的粗集料放入微沸的水中沸煮,加热过程中始终保持裹覆沥青的粗集料完全浸入水中,沸煮3min后取出冷却,称重W_3;

集料的沥青裹覆率C:

$$C = (W_2 - W_1)/W_1 \tag{6-15}$$

沥青-集料剥落率P_i:

$$P_i = (W_2 - W_3)/(W_2 - W_1) \tag{6-16}$$

集料的沥青裹覆率是干燥集料裹覆的沥青净质量除以集料的质量,可以间接表征集料对沥青的吸附能力大小。沥青-集料剥落率是水煮前裹覆沥青的净质量与水煮后裹覆沥青的净质量损失率,剥落率的大小能够反映沥青与集料的黏附性强弱。

试验结果如图6-11所示,内蒙古钢渣的沥青裹覆率最高,其对沥青的吸附能力更好,广西钢渣、湖北钢渣、安山岩石灰岩次之。三种钢渣的沥青剥落率明显优于两种天然集料,内蒙古钢渣与沥青的剥落率最低。钢渣集料的成形工艺决定了钢渣具有丰富的孔隙结构,孔隙结构增加了钢渣与沥青接触的表面积,这也是钢渣能吸附更多沥青的原因之一。钢渣的化学组成也与天然石料如安山岩、石灰岩等有很大的差异,钢渣中钙元素较多,大多以钙铝硅酸盐的形式存在。钢渣是一种高碱度集料,而沥青是一种弱酸性物质,因而钢渣与沥青的黏结力高于其他弱碱性或中性的天然集料。

②动水损害后的沥青与集料剥落率。

现阶段专家学者对MIST水敏感性测试仪的试验条件进行了大量研究,结果表明:试验温度、循环次数、压力对试验结果都有不同程度的影响。综合以上研究,得到众多研究的试验参数如表6-22所示。

第6章 钢渣沥青混凝土性能分析

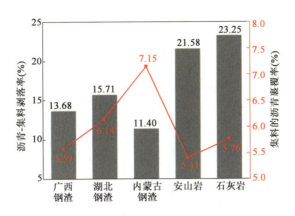

图6-11 水煮后的沥青-集料剥落率

动水循环试验参数设定 表6-22

编号	试件类型	温度(℃)	压力(psi)	循环次数(次数)
A1	裹覆沥青集料	20	20	2000
A2	裹覆沥青集料	40	30	2000
HMA$_1$	沥青混合料马歇尔试件	20	20	2000
HMA$_2$	沥青混合料马歇尔试件	40	30	2000

注:1psi≈0.006895MPa。

图6-12是裹覆沥青的集料在40℃、30psi(约0.2MPa)的环境下动水循环2000次后得到的试样,试样出现了明显的拉丝,且沥青表面出现部分微小的孔洞。图6-13为在A_1、A_2两种不同动水循环试验条件的沥青-集料剥落率,进一步验证了温度、压强影响着沥青-集料模型的黏附性。随着温度和压力的增加,五种集料的剥落率随即增大,沥青与集料的黏聚效果也在不断减弱。对比发现,在水煮法与动水循环两种水损害

图6-12 动水损害后的裹覆沥青的集料试样

模拟条件下,三种钢渣集料与沥青黏结效果均优于安山岩、石灰岩两种天然集料。在较短的时间内,沥青与矿料的黏附性能主要依靠沥青与集料界面的范德华力、酸碱力和机械咬合力保持,这些作用力主要是沥青与集料之间的物理吸附作用,还能保持大部分沥青没有被水破坏,表现出一定的黏附性能,然而随着动水循环的温度和压力增加,集料表面的沥青膜越来越薄,水分与集料之间的分子开始起主导作用,沥青与集料之间的物理吸附作用力渐渐失去作用。由于钢渣属于碱性集料,且碱度较高,与沥青之间的化学吸附作用较好。而安山岩属于中性集

料,与沥青之间的黏附性能主要依靠相对较弱的范德华力,但水分子与安山岩之间有很强的极性吸附力,因此水分能很快渗透石灰岩表面,并将其从沥青表面剥离开,其表面大部分被水破坏,因此石灰岩的剥落率高达18%。

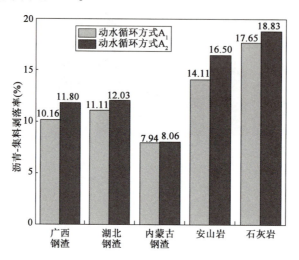

图6-13 动水循环处理后的沥青-集料剥落率

(2)拉拔试验。

水损害是水分浸入沥青和集料之间,对沥青与集料裹覆模型造成破坏,主要的破坏方式分两种:一是黏聚破坏,即沥青-集料模型中沥青与沥青之间黏结力的减弱导致黏聚失效;二是黏附破坏,沥青与集料之间沥青膜的脱落使得沥青与集料黏附性减小。本小节从黏聚破坏与黏附破坏理论出发,利用拉拔试验研究沥青及其组分的黏聚破坏与沥青-集料之间的黏附破坏,分析黏聚破坏与黏附破坏的最大拉应力。

①沥青及其组分的拉拔试验。

试验采用70号与90号基质沥青及各自分离出的组分,分离出的沥青质是一种脆性物质,不具有黏附能力,因此不计入拉拔试验范围。将加热的沥青放入沥青模具中,待沥青冷却后将热的拉拔头放入沥青表面,刮去多余的沥青,控制沥青膜的厚度保持一致,再将拉拔头以同样的方法黏住沥青膜另一侧。见图6-14,将所示试件放入拉拔试验机内保温30min,通过拉拔试验机分别测量四种温度下的沥青及其组分的黏聚破坏力。

设定测量温度为0℃、10℃、20℃及40℃,图6-15展示了20℃条件下,沥青、芳香分与胶质拉拔断裂后的截面图,沥青的断裂面较为完整,而芳香分与胶质的断裂面出现较多缺口,这是由于沥青的黏弹性优于两种组分,不容易出现脆性断裂。

图6-14 沥青及组分拉拔模型

a)沥青

b)芳香分

c)胶质

图 6-15　20℃下沥青及组分拉拔断裂截面

图 6-16 ~ 图 6-18 分别展示了 0℃、20℃、40℃条件下沥青及其组分的拉拔过程,可以看出:0℃时两种沥青的芳香分与胶质拉拔力很小,对沥青抵抗黏聚破坏的贡献很小,可以推测此时沥青质与饱和分的胶体体系对沥青黏度的贡献更多。曲线的顶点表示沥青及组分的黏聚破坏力,曲线顶点对应的时间为黏聚破坏的时间点。由于饱和分在常温下呈液态,黏附性很低,拉拔试验机无法识别,因此拉拔试验排除了饱和分。综合 70 号与 90 号沥青的拉拔过程发现,在 20℃时,芳香分的拉拔过程与沥青较为相似,黏聚破坏力也十分接近。常温下的芳香分也是黏度最大的沥青组分,由此可以发现芳香分在沥青的黏附性中贡献率较高。胶质在常温下为脆性的片状固体,140℃时才逐渐转变为液态,常温下的固态胶质黏弹性较差,其黏聚破坏力远小于沥青和芳香分。图中沥青质的拉拔曲线在到达顶点后急剧下滑,也证明了沥青质的断裂为脆性断裂,断裂后不粘连,拉力迅速降低。

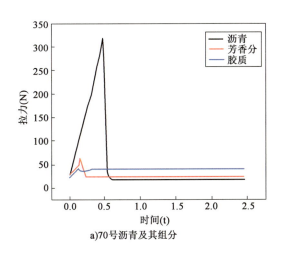
a)70号沥青及其组分

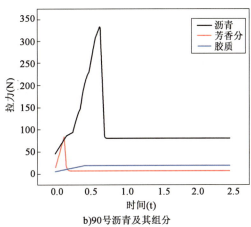
b)90号沥青及其组分

图 6-16　0℃沥青及其组分的拉拔试验过程曲线

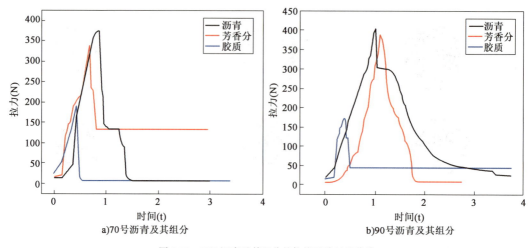

图 6-17　20℃沥青及其组分的拉拔试验过程曲线

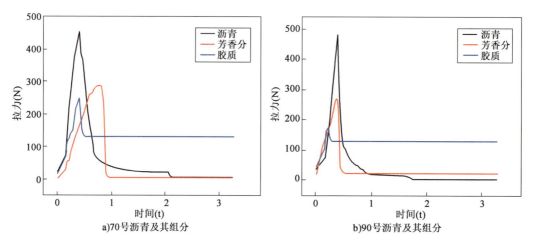

图 6-18　40℃沥青及其组分的拉拔试验过程曲线

图 6-19、图 6-20 分别为 70 号沥青、90 号沥青的最大拉拔力随温度变化的趋势,随着温度升高,沥青与胶质的黏聚破坏所需的最大拉力在增大,沥青的拉拔力增大较为明显,这是由于温度升高,沥青和胶质逐渐从固态转变成液体,其黏弹性在不断改善。芳香分的黏聚破坏力先增大后减小,20℃时黏聚破坏力最大。40℃时芳香分的黏聚破坏力低于 20℃,因为随温度升高,芳香分由黏稠的胶体逐渐向液态转变,黏度也降低。

②沥青与集料的拉拔试验。

集料采用广西钢渣、湖北钢渣、内蒙古钢渣等集料,集料用切割机分别切至 15mm×15mm×5mm 的块状,用打磨机打磨至表面平整且粗糙度一致。利用 AB 胶将图 6-21 所示的集料与拉拔头黏接在一起,另一端与浸有沥青的拉拔头接触,加热使集料与沥青完全润湿、黏附。放入拉拔试验机内保温 30min,通过拉拔试验机分别测量四种温度下的沥青与集料黏附失效的破坏力。

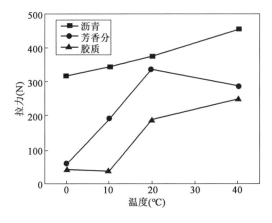 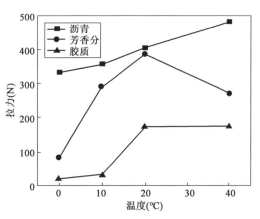

图 6-19　70 号沥青及组分的黏聚破坏力随温度变化趋势　　图 6-20　90 号沥青及组分的黏聚破坏力随温度变化趋势

图 6-21　拉拔试验集料示意图

设定测量温度为 0℃、10℃、20℃ 及 40℃,测得的最大黏附失效最大拉拔力见图 6-22。随着试验温度的增加,沥青-钢渣界面的黏附失效所需最大拉拔力在减小,10℃ 之后最大拉拔力下降明显。40℃ 后 70 号沥青与三种钢渣集料的拉拔力均超过了 90 号沥青。而低温时,90 号沥青与三种钢渣的拉拔力略高于 70 号沥青,这是由于低温时 90 号沥青更软一些,其低温黏度要高于 70 号沥青。沥青-钢渣的拉拔力变化趋势与沥青的拉拔力变化趋势有着明显的差别,主要是增加了钢渣集料与沥青界面的黏附作用,两者的黏附力不仅仅依赖沥青的黏度,也与钢渣的碱度、表面纹理等有较大关联。温度升高后,在沥青-钢渣集料界面更容易出现沥青内部的断裂,界面的失效从黏附破坏逐步演变为黏聚破坏。

(3) 钢渣沥青混凝土抗水损害性能。

目前,国内外针对沥青混合料水稳定性的表征主要分为两种类型:一是松散的沥青混合料即沥青-集料黏附模型,主要通过观察沥青膜的剥落程度来定性评价沥青混合料的水稳定性。二者是以成形沥青混合料试件进行研究,主要测试成形后的沥青混合料在水环境下的物理指标。两种方法相结合,可从两种不同的尺度来分析沥青混凝土的抗水损害性能。其中重要的是如何对测试后的试件进行试验以确定其与常规静水损害试验方法的区别,考虑最直接影响沥青路面使用性能和寿命的因素是沥青路面的力学性能,所以本次试验将试件的马歇尔残留稳定度、冻融劈裂强度比作为评价动水损害的指标,这两个值越大则表明沥青混凝土的抗水损害能力更强。为更好地描述沥青混合料静水与动水下的水稳定性,本试验综合考虑沥青混合料试件静水处理与动水循环处理下的马歇尔残留稳定度与冻融劈裂强度比。

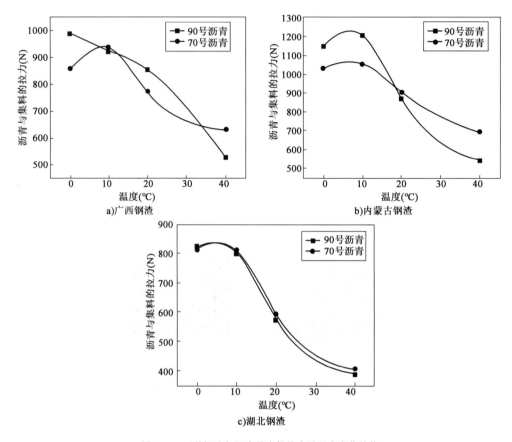

图 6-22 三种钢渣与沥青最大拉拔力随温度变化趋势

①残留稳定度。

此次试验设置静水与动水两组马歇尔的稳定度对照试验,动水组马歇尔试件在两种动水循环条件下进行动水循环处理,分别放入参数设置为温度20℃、压力20Pa、动水循环次数2000次和温度40℃、压力30psi(约0.2MPa)、动水循环次数2000次的水敏感性测试仪中,再进行马歇尔稳定度试验,得到试验数据见表6-23。

沥青混凝土浸水马歇尔残留稳定度　　　表6-23

浸水处理方式	沥青混合料类型	稳定度 S_1(kN)	浸水稳定度 S_2(kN)	残留稳定度 MS_0(%)
静水	广西钢渣SMA	13.14	11.82	90.0
	内蒙古钢渣SMA	13.68	12.5	91.4
动水 HMA_1	广西钢渣SMA	13.14	11.28	85.8
	内蒙古钢渣SMA	13.68	12.08	88.3

续上表

浸水处理方式	沥青混合料类型	稳定度 S_1(kN)	浸水稳定度 S_2(kN)	残留稳定度 MS_0(%)
动水 HMA_2	广西钢渣 SMA	13.14	10.92	83.1
	内蒙古钢渣 SMA	13.68	11.67	85.3
技术要求	—	≥8	≥6.4	≥80
试验规程	—	T 0709	T 0709	T 0709

分析表 6-23 试结果可知,内蒙古钢渣 SMA-13 沥青混合料的残留稳定度略高于广西钢渣 SMA-13 沥青混合料,利用两种参数的动水循环处理后,两种钢渣沥青混合料的残留稳定度均有所下降。随着温度和压力的增加,残留稳定度变得更低,这是因为经 MIST 处理时混合料会经受更高强度的动水压力和不断变化的剪切力影响,其抵抗水损害的能力被削弱。这也进一步说明了静水方式的残留稳定度不适宜用来评价沥青混合料的水稳定性,其与路面实际水损害情况不一致。

②冻融劈裂强度比。

本试验同样设置静水与动水两组马歇尔冻融劈裂对照试验,动水组马歇尔试件在两种动水循环条件下进行动水循环处理,分别放入参数设置为温度 20℃、压力 20psi、动水循环次数 2000 次和温度 40℃、压力 30psi、动水循环次数 2000 次的 MIST 中,再进行冻融劈裂试验,得到试验数据见表 6-24。

沥青混凝土冻融劈裂抗拉强度比　　　　表 6-24

浸水处理方式	沥青混合料类型	劈裂强度 R_1(MPa)	冻融劈裂强度 R_2(MPa)	劈裂强度比 TSR(%)
静水	广西钢渣 SMA	0.924	0.879	95.1
	内蒙古钢渣 SMA	0.847	0.821	96.9
动水 HMA_1	广西钢渣 SMA	0.924	0.857	92.8
	内蒙古钢渣 SMA	0.847	0.796	94.0
动水 HMA_2	广西钢渣 SMA	0.924	0.803	86.9
	内蒙古钢渣 SMA	0.847	0.762	90.0
技术要求	—	—	—	≥80
试验规程	—	T 0709	T 0709	T 0709

内蒙古钢渣 SMA-13 沥青混合料的冻融劈裂抗拉强度与劈裂强度均低于广西钢渣,但是其劈裂强度比高于广西钢渣,冻融劈裂强度比是评价沥青混合料水稳定的依据之一,这与前文中的内蒙古钢渣与沥青黏附性优于广西钢渣形成对应。在经历两种环境下的动水循环后,两种沥青混合料的冻融劈裂强度比均有所下降,在 40℃、30psi(约 0.2MPa)、2000 次动水循环的条件下,两种混合料的劈裂强度下降明显,降幅分别达到了 7%和 4%。

2)黏附性评价指标的相关性分析

为更加全面地分析沥青与集料黏附行为表征方法的可靠性与相关性,对上述三种不同表征方法的结果进行线性拟合,探讨不同评价指标之间互相的关联性,并分析其差异性产生的原因。本节引入钢渣与沥青拉拔断裂的破坏能作为判断两者在力学试验下的黏附性指标,用拉拔力对最大拉拔力对应的位移进行积分,见图6-23,计算公式见式(6-17),计算结果见表6-25。

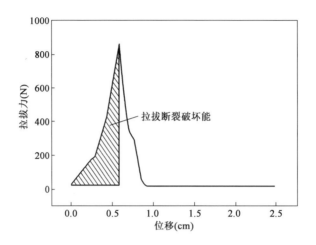

图6-23　20℃时广西钢渣与90号沥青拉拔断裂破坏能

$$E = \int_0^{s_1} F d(s) \tag{6-17}$$

式中:E——拉拔断裂的破坏能,MJ;

s_1——最大拉拔力对应的位移,cm;

F——钢渣与沥青的最大拉拔力,N。

三种钢渣与90号沥青的拉拔断裂破坏能(MJ)　　　　　　表6-25

钢渣	拉拔断裂破坏能	
	20℃	40℃
广西钢渣	161.5	152.6
内蒙古钢渣	187.5	174.3
湖北钢渣	136.9	132.5

(1)两种水损害试验的相关性分析。

将水煮法得到的集料-沥青剥落率分别与两种动水循环损害方式下的剥落率进行线性拟合,得到图6-24的结果。水煮法与动水循环方式 A_1[温度20℃、压力20psi(约0.14MPa)、次数2000]的拟合度 $R^2 = 0.9475$,水煮法与动水循环方式 A_2[温度40℃、压力30psi(约0.2MPa)、次数2000]的拟合度 $R^2 = 0.9664$。水煮法与动水损害的剥落率结果拟合度较高,表明两种试验方法在评价沥青与集料黏附性时具有很好的相关性。在实际工程应用中可以只进行水煮法沥青剥落率测试,利用两者的关系式计算动水循环损害条件下的剥落率,从而实现利用水煮法准确计算沥青混凝土路面不同温度和压力环境下的沥青与集料的黏附效应。

(2)动水循环与拉拔试验的相关性分析。

将动水循环得到的沥青-钢渣的剥落率与拉拔试验计算出的断裂破坏能进行线性拟合,得到图 6-25 的结果。可以发现,沥青-钢渣的动水循环剥落率与拉拔断裂破坏能呈负相关,这与常识一致,即沥青-钢渣剥落率越低,其抵抗拉拔破坏所需要的能量越高,黏附性越好。动水循环剥落率与拉拔断裂破坏能的线性拟合度 $R^2=0.9379$,拟合度较高,表明两种评价方法具有很好的相关性。

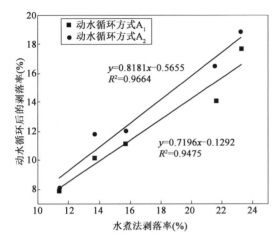
图 6-24 水煮法剥落率与动水循环剥落的线性拟合

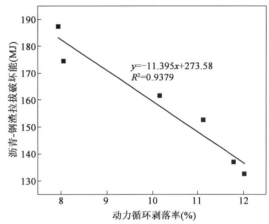
图 6-25 动水循环剥落与拉拔破坏能的线性拟合

(3)沥青-集料黏附性试验与水稳定性试验的相关性分析。

为了判断沥青混凝土水稳定性能与沥青-集料的黏附性能的关联性,分别选用沥青-钢渣的拉拔断裂破坏能、动水循环后的剥落率与钢渣沥青混合料的残留稳定度、冻融劈裂强度比进行线性拟合。得到图 6-26 为拉拔断裂破坏能与水稳定性的拟合结果,残留稳定度与拉拔破坏能的拟合度为 0.7614,冻融劈裂强度比与拉拔破坏能的拟合度为 0.67,可见沥青-钢渣的拉拔破坏能与钢渣沥青混合料的水稳定性相关性较差。图 6-27 为沥青-钢渣动水循环的剥落率与钢渣沥青混凝土水稳定性的拟合结果,残留稳定度与动水循环剥落率的拟合度为 0.7614,冻融劈裂强度比与动水循环剥落率的拟合度为 0.429,可见沥青-钢渣在动水循环下的剥落率与钢渣沥青混合料的水稳定性相关性较差。综上所述,沥青与钢渣的黏附性试验与钢渣沥青混合料的水稳定性结果关联不大。这是由于黏附性试验只是在沥青与钢渣的维度进行分析,而沥青混凝土的水稳定性不仅仅由沥青与集料的黏附性决定,还由沥青混凝土的级配设计、最佳油石比等因素决定。

3)钢渣与沥青及其组分的黏附功

(1)表面能理论。

表面能理论是研究液体润湿固体表面的理论基础。物质表面的原子所受到的合力不为零,垂直于表面向外的键能没有得到补偿,使得表面质点有垂直向内部的势能,这种势能即为表面能。在表面自由能的作用下,两相能够自发的分离固体或液体从而产生新的界面。如果两相材料是均匀一致的,则形成新界面的表面自由能由内聚力提供,如果两相材料是不均匀的,则形成新界面的表面自由能黏聚力提供。表面能理论认为,液体在固体表面的润湿性大小决定了两种的黏附功大小,因此液体在固体表面的润湿性是液固两相能否形成黏附效应的必要条件。根据润湿方程可知:

$$\gamma_{LG}\cos\theta = \gamma_{SG} - \gamma_{SL} \tag{6-18}$$

式中:$\cos\theta$——界面接触角;

γ_{SG}——固-气接触面;

γ_{SL}——固-液接触面;

γ_{LG}——液-气接触面。

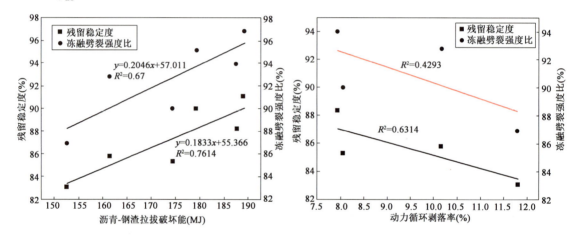

图 6-26 拉拔破坏能与水稳定性的线性拟合　　图 6-27 动水循环与水稳定性的线性拟合

液体在与固体接触时,会形成固液界面,液体首先浸润铺展两者的界面,之后液体才能与固体产生化学吸附或物理吸附,形成黏附力。利用吉布斯自由能可以很好地解释润湿过程中体系能力的变化,润湿过程是液体在固体表面做功,只有液固体系的吉布斯自由能为负数,液体才能在固体表面润湿,并且吉布斯自由能减少量越大,润湿越容易。因此,若将方程中的液体替换为沥青,固体替换为沥青混凝土中的集料,应用此方程可以很好地解释沥青与集料的润湿、黏附过程。若沥青与集料之间接触角大于90°,则沥青易从矿料上剥落,若小于90°,则不易剥落。若能直接测得沥青与集料界面的接触角,则可以直接作为评价沥青与集料黏附能力大小。基于此原理,众多研究者开始通过测量沥青与集料的接触角来计算沥青与集料的黏附功,从而实现科学、定量地表征沥青与集料黏附能力的大小。

Ghabchi. R 等人通过表面自由能理论研究了沥青-集料的黏附能,并提出了在水存在下沥青从集料表面剥离时伴随着能量释放的想法,最终得到沥青-集料的黏结强度高度依赖于集料和沥青的性质。Jonathan 等人研究了聚合物改性沥青对沥青-集料体系耐水性的影响。当有新的表面产生时,分子间化学键的破坏可用表面能来度量。在物理化学理论中,处于表面的分子能量较高,为使物质更加稳定,表面分子有向内部运动的趋势,由此来减小表面积,降低能量。因此,平衡状态的液滴总为球状,就是因为球状比表面积最小,能量最低。Zdziennicka 将物质相互作用力分成两个部分,即极性分量和色散分量,并且认为极性分量对于固-液界面相互吸附起着主导作用,而色散分量主要由偶极作用力、氢键及诱导力等组成。Kim 等人利用表面自由能来预测沥青混合料在循环加载条件下的抗水损害能力,发现沥青与集料的剥离由两种机制组成:一是,水通过沥青胶浆膜扩散到沥青-集料界面导致沥青剥落;二是,由于反复的荷载作用,水侵蚀界面并延界面扩展,造成黏结断裂。

(2)单一样本均值检验。

单一样本均值的检验,即只对单一变量的均值加以检验,用于检验样本所在总体的均值是否与给定的检验值之间存在显著性差异。这种检验要求样本数据来自服从正态分布的单一总体,而且总体均值已知。由于检验过程中构造的统计量服从 t 分布,所以也称为单一样本均值的 t 检验(One-Sample T Test)。单一样本均值 t 检验的基本思想是:计算出选取的样本均值,根据经验或已有的历史数据,对总体的均值提出假设,计算样本均值来自总体均值的概率,从而判断是否接受总体均值。单一样本均值检验有以下步骤。

①建立假设。

单一样本均值检验就是为了检验给定的检验值与总体均值之间的显著性差异。给定的检验值为 μ_0,总体均值为 μ,建立如下假设并进行检验:

$$H_0: \mu = \mu_0 ; H_1: \mu \neq \mu_0 \tag{6-19}$$

②确定检验统计量。

由于本节中沥青四组分分离的质量服从正态分布 $X \sim N(\mu, \sigma_2)$。其中,μ 为分离出的每一种组分的质量均值,σ_2 为总体方差,样本容量 n 即为分离试验次数。样本均值为 $\overline{X}$,$\overline{X} \sim N(\mu, \sigma_2/n)$。由于总体方差 σ_2 未知,由样本方差 S 代替,利用 t 分布构造检验统计量:

$$t = \frac{\overline{X} - \mu}{S/\sqrt{n}} \sim t(n-1) \tag{6-20}$$

③推断结果。

给定显著性水平 α 为 0.05,根据检验统计量的分布,查 t 分布表得到临界值。若统计量 t 的绝对值小于临界值,样本所在总体均值与 μ_0 无显著性差异,即原假设正确,检验值 μ_0 可以代表总体均值进行数据分析。若统计量 t 的绝对值大于临界值,则样本所在总体的均值与 μ_0 存在显著性差异,即原假设不成立,检验值 μ_0 不能代表总体均值进行数据分析,需重新设定新的检验值进行计算。

(3)集料接触角的均值检验与表面能计算。

道路用集料是颗粒状的,形状不规则,为准确反映集料的表面能参数,本文对选取的粗集料进行切割打磨处理,使集料表面平整。采用接触角测量仪测量蒸馏水和乙二醇在光滑平整集料表面的接触角,测试结果见表6-26。由于接触角测试结果受主观因素影响较大,故多次测量接触角数据作为样本总体,选取有代表性的几组数据作为样本,利用数理统计方法中的单一样本均值 t 检验,给定显著性新水平 $\alpha=0.05$,检验所测8组数据的均值是否在置信区间内,若双尾概率小于给定的显著性新水平 $\alpha=0.05$,经检验挑选的样本数据均值与所测得的8组接触角均值没有显著性差异,结果见表6-27。在选取的五种集料中,内蒙古钢渣与蒸馏水、乙二醇的接触角最小,湖北钢渣与蒸馏水、乙二醇的接触角最大。

两种检测液体与集料接触角　　　　　　　　　　　　　　　　　　表6-26

集料	检测液体	接触角(°)								总体均值
广西钢渣	蒸馏水	101.3	103.9	99.2	101.5	95.7	102.5	97.8	102.4	100.54
	乙二醇	59.4	58.7	55.6	57.9	57.1	62.4	60.1	59.6	58.85
湖北钢渣	蒸馏水	116.6	111.6	109	112.4	111.8	104.6	107.5	114.0	110.94
	乙二醇	73.2	83.6	75.8	76.4	76.1	80.1	79.7	75.4	77.54
内蒙古钢渣	蒸馏水	45.8	53.6	51	50.8	56.4	52.7	52.3	54	52.08
	乙二醇	41	34.7	54.4	42.6	44.5	46.4	48.5	50.5	45.33
安山岩	蒸馏水	101.4	93.3	93.4	96	96.5	98.3	100.7	95.9	96.94
	乙二醇	57.9	66.7	64.8	63.1	59.2	64.7	61.2	55.4	61.63
石灰岩	蒸馏水	82.2	88	87	85.7	85.5	84.7	80.2	84.1	84.68
	乙二醇	57.6	61.2	56.4	58.4	62.4	60.7	61.6	59	59.66

集料与液体接触均值检验结果　　　　　　　　　　　　　　　　　　表6-27

集料	检测液体	总体均值(°)	样本均值(°)	样本标准差(°)	双尾概率	最终数据(°)
广西钢渣	蒸馏水	100.54	101.38	1.329	0.231	100.54
	乙二醇	58.85	59.14	0.856	0.491	58.85
湖北钢渣	蒸馏水	110.94	110.46	2.106	0.637	110.94
	乙二醇	77.54	77.62	2.096	0.936	77.54
内蒙古钢渣	蒸馏水	52.08	52.72	1.177	0.291	52.08
	乙二醇	45.33	48.86	3.826	0.108	45.33
安山岩	蒸馏水	96.94	96.02	1.754	0.306	96.94
	乙二醇	61.63	62.60	2.398	0.417	61.63
石灰岩	蒸馏水	84.68	85.02	1.779	0.691	84.68
	乙二醇	59.66	59.38	1.527	0.703	59.66

为进一步优化接触角数据,确保计算的准确性,对表6-27中的接触角数据进行描述统计,利用单一样本均值的 t 检验。为保证试验结果的精确性,本节试验数据处理不采用随机选取样本,改为舍弃3组离散性较大的数据。以湖北钢渣与蒸馏水的接触角数据为例,随机选取样本,取定置信区间为95%,对样本数据进行 t 检验得到:$P=0.231>\alpha=0.05$,故不能拒绝原假设。

说明广西钢渣与蒸馏水的接触角的8组数据与其均值无显著性差异,可选取8组数据的均值100.54°作为最终的广西钢渣与蒸馏水的接触角。依次对五种集料与三种已知液体的接触角进行单一样本均值的 t 检验,得到最终的集料与三种液体的接触角。

利用已知蒸馏水和乙二醇的表面能 γ_L、极性分量 γ_L^p 和色散分量 γ_L^d,分别代入下式,计算得到五种集料的表面能极性分量 γ_S^p 和色散分量 γ_S^d。

$$\gamma_{LG}(1+\cos\theta)=2(\sqrt{\gamma_{LG}^d\gamma_{SG}^d}+\sqrt{\gamma_{LG}^p\gamma_{SG}^p}) \tag{6-21}$$

计算结果见图6-28,广西钢渣、湖北钢渣和安山岩的极性分量主导着它们的表面能,其色散分量可忽略不计;内蒙古钢渣由色散分量主导其表面能,表明内蒙古钢渣表面具有较强的分子作用力,如偶极作用、氢键等。五种集料中,表面能由大到小排序为:内蒙古钢渣、湖北钢渣、安山岩、金盛兰钢渣、石灰岩。表面能越大,说明集料的润湿性越好,在高温下与沥青相接触,产生的黏附力更强。

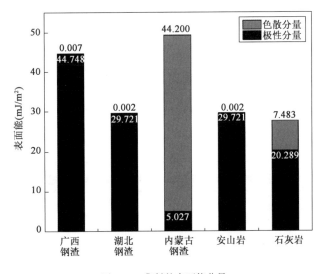

图6-28 集料的表面能分量

(4)沥青接触角的均值检验与表面能计算。

将沥青及其组分加热至100℃,均匀地涂在已加热的载玻片上,用刀片轻轻刮平,再悬挂于50℃烘箱中0.5h,得到光滑平整的沥青及组分薄膜,见图6-29。利用接触角测量仪测量蒸馏水、乙二醇在沥青及组分薄膜上的接触角,结果如表6-28、表6-29所示,计算出沥青及其组分的表面能见图6-30、图6-31。

图 6-29 沥青薄膜制备

1-70 号沥青;2-70 号胶质;3-70 号芳香分;2-70 号饱和分;5-90 号沥青;6-90 号胶质;7-90 号芳香分;8-90 号饱和分

90 号沥青及其组分与检测液体接触角数据的均值 t 检验结果　　表 6-28

样品	检测液体	总体均值(°)	样本均值(°)	样本标准差(°)	双尾概率	选取的接触角数据(°)
90 号沥青	蒸馏水	101.73	103.90	6.570	0.501	101.73
	乙二醇	78.34	84.94	7.211	0.110	78.34
90 号饱和分	蒸馏水	81.44	85.54	5.590	0.177	81.44
	乙二醇	43.75	44.64	2.875	0.527	43.75
90 号芳香分	蒸馏水	99.58	100.28	3.995	0.715	99.58
	乙二醇	73.91	78.28	3.169	0.037	78.28
90 号胶质	蒸馏水	97.58	98.16	5.684	0.831	97.58
	乙二醇	74.26	83.16	3.804	0.006	83.16

70 号沥青及其组分与检测液体接触角数据的均值 t 检验结果　　表 6-29

样品	检测液体	总体均值(°)	样本均值(°)	样本标准差(°)	双尾概率	接触角结果确认(°)
70 号沥青	蒸馏水	96.55	97.18	1.563	0.418	96.55
	乙二醇	75.51	78.00	3.210	0.158	75.51
70 号饱和分	蒸馏水	91.44	92.20	1.500	0.321	91.44
	乙二醇	71.96	74.64	5.447	0.333	71.96
70 号芳香分	蒸馏水	92.83	93.74	1.002	0.112	92.83
	乙二醇	72.73	78.80	3.723	0.022	78.80
70 号胶质	蒸馏水	91.79	91.60	1.739	0.819	91.79
	乙二醇	63.40	63.04	2.062	0.716	63.40

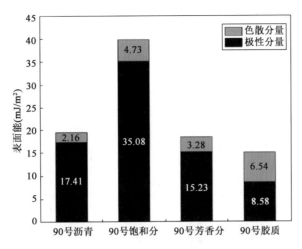

图 6-30 90 号沥青及其组分的表面能分量

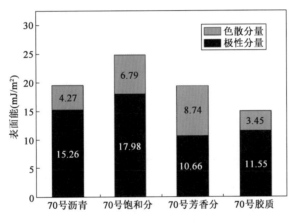

图 6-31 70 号沥青及其组分的表面能分量

由图 6-30 和图 6-31 可知,90 号基质沥青与 70 号基质沥青在表面能总量上差别不大,但 70 号基质沥青的色散分量大于 90 号基质沥青,其极性分量小于 90 号基质沥青。对比发现,芳香分的表面能与各自对应的基质沥青的表面能最为接近,饱和分流动性较大、胶质脆性较大,而芳香分在常温下的流动性与脆性与沥青相似,这也能很好地解释芳香分的表面能与沥青的表面能最接近的原因。

(5)沥青与集料黏附功的计算。

结合范德华力理论和路易斯酸碱理论,忽略较小的分子间作用力,沥青与集料的黏附功 W_a 可用沥青和集料两相中各自的极性分量和色散分量来表示,即:

$$W_a = 2\sqrt{\gamma_{LG}^d \gamma_{SG}^d} + 2\sqrt{\gamma_{LG}^p \gamma_{SG}^p} \tag{6-22}$$

图 6-32、图 6-33 分别为 70 号沥青及其组分、90 号沥青及其组分与五种集料的黏附功,从图中可以看出内蒙古钢渣与 70 号沥青、90 号沥青的黏附功均大于其他几种集料,这说明内蒙

古钢渣与沥青的黏附性能更优异,在遵循最佳油石比的情况下,内蒙古钢渣制备的沥青混凝土具有更加稳定的抗水损害性能。对比发现,两种沥青的饱和分与集料的黏附功均高于沥青和其他组分,90号沥青最为明显。

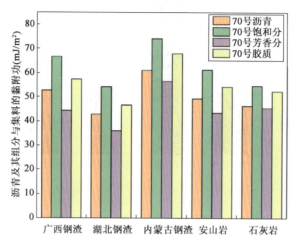

图6-32　70号沥青及其组分与集料黏附功

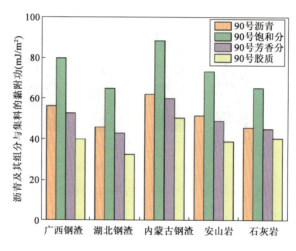

图6-33　90号沥青及其组分与集料黏附功

4)钢渣与沥青黏附性影响因素分析

(1)沥青与集料黏附性影响因素。

在雨水冰雪的渗透和车轮碾压的双重作用下,水分极易浸入沥青路面结构中,在沥青与集料黏结的界面产生动水压力和真空负压抽吸作用,对沥青与集料的黏结界面形成反复的冲刷,造成沥青膜剥落,沥青与集料黏附性降低。沥青与集料的黏附性主要受原材料性能、沥青组分和外部环境的影响。

①集料的化学成分与酸碱性。

集料的化学成分对集料表面的分子作用力、集料碱度都有很大影响,从而影响了沥青与集料的黏附性。沥青路面用集料含有的主要化学元素为硅、铝、钙、镁等元素,主要化学成分为硅、铝、钙、镁的氧化物。集料的酸碱性与其化学成分有关,其酸碱性以 SiO_2 含量为评价指标,SiO_2 含量大于 65% 的为酸性集料,SiO_2 含量在 52%~65% 之间的为中性集料,含量低于 52% 的为碱性集料。由于沥青为弱酸性物质,因此碱性集料更易与沥青形成化学键结合力,沥青与集料的黏附性也最强。钢渣是一种极具代表性的碱性集料,钢渣的碱度等于 CaO 的含量与 SiO_2 和 P_2O_5 的含量和之比。五种集料酸碱性与碱度值如表 6-30 所示,由表可知,三种钢渣的碱度大小顺序为:内蒙古钢渣 > 广西钢渣 > 湖北钢渣,仅从酸碱性而言,五种集料与沥青的黏附性大小顺序为:内蒙古钢渣 > 广西钢渣 > 湖北钢渣 > 安山岩 > 石灰岩。

五种集料的酸碱性与碱度值 表 6-30

集料种类	CaO	SiO_2	P_2O_5	碱度
广西钢渣	41.1	13.9	1.5	2.67
湖北钢渣	39.2	15.7	1.4	2.29
内蒙古钢渣	45.4	13.4	1.4	3.06
安山岩	23.4	53.4	0.8	中性
石灰岩	14.6	68.2	0.4	酸性

②集料的表面纹理。

集料的表面纹理主要由集料的粗糙度、表面棱角、球形度、孔隙特征等决定,表面纹理越丰富,沥青就能更好浸入集料表面甚至集料内部,形成锚固和机械连接作用。丰富的表面纹理有助于增大集料的表面积,增加了沥青与集料的接触面积,能更好地吸附沥青。当集料表面比较光滑时,其表面孔隙、纹理少,与沥青缺少契合锚固作用,因此黏附性较差。沥青路面在交通荷载作用下,受到剪切力作用,相对于表面粗糙的集料,表面光滑的集料缺少锚固嵌挤作用,其抗剪切阻力小,一旦有少量剥落,会很快全部剥落。

同样采用 MFP-3D-SA 扫描探针显微镜对内蒙古钢渣、广西钢渣、湖北钢渣、安山岩、石灰岩进行集料界面的微观纹理特征分析。图 6-34 显示了五种集料的三维微观纹理。

分析图 6-34 可知,在横向宽度与纵向深度一致的情况下,内蒙古钢渣的界面最为粗糙、丰富,安山岩与石灰岩次之,广西钢渣与湖北钢渣的界面粗糙度最小。在不考虑集料的酸碱性时,丰富粗糙的界面纹理有助于增强沥青与集料的黏附性。

同时利用集料图像测量系统(AIMS)对三种钢渣集料的表面纹理进行测试,随机选用 20 颗粒径在 10~16mm 的钢渣,逐次放入 AIMS 的圆盘内。集料表面纹理指数(TI)是根据图像系统拍摄的集料表面的微小纹理产生的小波转换来计算得到。计算公式如式(6-23)所示。

$$TI = \frac{1}{3n}\sum_{i=1}^{3}\sum_{j=1}^{N}[D_{i,j}(x,y)]^2 \qquad (6-23)$$

式中:n——集料的分解等级;

N——整个图像分析中所使用的具体系数的总个数;

i——根据对水平方向、垂直方向以及对角线方向表面纹理的详细图像的分析,取值范围为1、2或者3;

j——小波系数指数;

(x,y)——在转化域内相应系数的对应坐标。

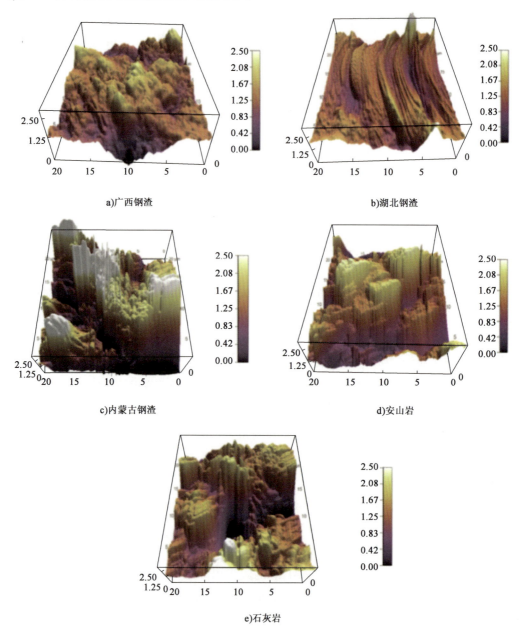

图 6-34　集料的微观纹理 3D 示意图(单位:μm)

TI 的范围是 0~1000,越平滑的抛光面的数值越接近于 0,图 6-35 为三种钢渣集料表面纹理图。

第6章 钢渣沥青混凝土性能分析

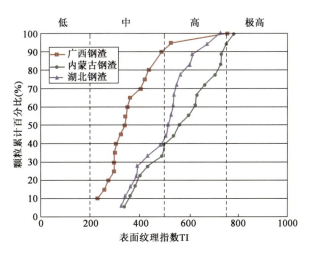

图6-35 钢渣集料微观纹理累积百分比

分析图6-35可知,三种钢渣集料的微观纹理指数均值分别为:广西钢渣371.9、内蒙古钢渣566.8、湖北钢渣504.0,3种钢渣的纹理指数大小排序为:内蒙古钢渣＞湖北钢渣＞广西钢渣。可以认为,内蒙古钢渣表面具有更丰富的纹理特征。

综合MFP-3D-SA扫描探针显微镜与AIMS集料图像测量系统分析结果,可以发现内蒙古钢渣的表面纹理更为丰富,这也与前述中内蒙古钢渣的表面能最大,与沥青的剥落最低、拉拔力最大的试验结果相吻合。

③沥青及组分的性质。

在沥青混凝土的结构中,沥青含量只占5%～6%,但沥青的黏度是沥青与集料黏附力形成的关键因素。沥青的组分在不同温度下的变化对沥青的黏稠度、塑性起决定性的作用,芳香分与胶质在其中充当着重要作用。沥青的黏度是沥青流变性质的重要指标,极性物质的含量决定了沥青的黏度大小,黏度大的沥青极性物质多,其抵抗水置换的能力要比黏度小的沥青要强,所以黏度大的沥青与矿料有好的黏附性和较强的抵抗水侵蚀的能力。

④外部环境因素影响。

从沥青混合料水损害机理中,可以发现水对沥青路面的质量与服役年限影响很大。雨水通过对沥青与集料界面的渗透诱发沥青-集料界面黏结失效,导致水损害发生。从无水到有水的状态,沥青与集料的破坏现象是从沥青的黏聚失效转变为沥青-集料界面的黏结失效。此外,沥青路面的水损害还与路面交通荷载量、路面温度有关。水分在车轮的反复碾压过程中,不断被挤入油石界面,水分与压力的双重作用造成集料表面的沥青膜剥落。路面温度的变化会引起沥青的黏度变化,从而引起沥青与集料的黏附力的变化。

(2)沥青-集料黏附性影响因素的灰色关联分析

①灰色关联模型。

灰色关联度是根据因素之间发展态势的相似或相异程度来衡量因素之间接近的程度,可以从众多因素中提炼影响系统的主要因素、主要特征,分析因素间系统影响的差异,其结果与定性分析结果相吻合,因而该方法具有广泛的实用性。灰色关联分析的计算步骤为:

a. 收集试验数据,选择参考序列和比较序列。确立反映系统行为特征的序列为参考序列,也称母数列,记做 $X_0 = \{x_0(t); t=1,2,3,\cdots,n\}$。确立影响系统行为的因素组合为比较数列,也称子数列,记做 $X_i\{x_0(t); t=1,2,3,\cdots,n\}$,其中 $i=1,2,3,\cdots,m$。

b. 无量纲化处理。由于收集的数据数量大小差异比较大,为便于处理,分别对各数列进行均值化、初值化和标准化处理。

均值化:

$$Y_0 = \left\{\frac{nX_0(t)}{\sum_{t=1}^{n}X_0(t)}; t=1,2,3,\cdots,n\right\} \tag{6-24}$$

$$Y_i = \left\{\frac{nX_i(t)}{\sum_{t=1}^{n}X_i(t)}; i=1,2,3,\cdots,m; t=1,2,3,\cdots,n\right\} \tag{6-25}$$

初值化:

$$Y_0 = \{y_0(t); t=1,2,3,\cdots,n\} = \left\{\frac{x_0(t)}{x_0(l)}; t=1,2,3,\cdots,n\right\} \tag{6-26}$$

$$Y_i = \left\{\frac{x_i(t)}{x_i(l)}; i=1,2,3,\cdots,m; t=1,2,3,\cdots,n\right\} \tag{6-27}$$

标准化:

$$Y_0 = \left\{\frac{X_0(t) - \frac{1}{n}\sum_{t=1}^{n}X_0(t)}{S_0}; t=1,2,3,\cdots,n\right\} \tag{6-28}$$

$$Y_i = \left\{\frac{X_0(t) - \frac{1}{n}\sum_{t=1}^{n}X_i(t)}{S_i}; t=1,2,3,\cdots,n; i=1,2,3,\cdots,m\right\} \tag{6-29}$$

式中: Y_0 ——无量纲化处理后新的参考序列;

Y_i ——无量纲化处理后新的比较序列;

S_0、S_i ——分别是新参考序列和新比较数列的标准差。

c. 计算两极最大差和两极最小差。

$$\Delta_{\max} = \max_{i} \max_{k} |y_0(t) - y_i(t)| \tag{6-30}$$

$$\Delta_{\min} = \min_{i} \min_{k} |y_0(t) - y_i(t)| \tag{6-31}$$

第6章 钢渣沥青混凝土性能分析

d. 关联系数计算(取 $\rho = 0.5$)。

$$\xi[Y_0(t),Y_i(t)] = \frac{\Delta_{\min} + \rho \cdot \Delta_{\max}}{y_0(t) + \rho \cdot \Delta_{\max}} \tag{6-32}$$

求出各因素的灰色关联度:

$$\eta_i = \frac{1}{N}\sum_{t=1}^{n}\xi[Y_0(t),Y_i(t)] \tag{6-33}$$

灰色关联度值在 0~1 之间,若灰色关联度越接近1,说明其因素的相关性越好。

②沥青与钢渣剥落率、拉拔力的影响因素分析。

利用剥落率、拉拔试验和沥青混凝土水稳定性评价沥青与集料的黏附性,发现水损害处理方式、拉拔试验温度、沥青及组分黏聚力等因素对沥青石料-界面黏附性能有很大影响。为了进一步确定沥青与钢渣的黏附性影响因素的影响程度大小,本节利用灰色关联度分析法,分别探究沥青与钢渣剥落率、最大拉拔力的影响因素。以钢渣碱度、钢渣表面纹理指数、动水损害温度、动水损害压力、沥青及组分黏度作为比较数列,沥青与钢渣的剥落率作为参考数列,分析影响沥青与钢渣的剥落率影响因素大小。以钢渣碱度、钢渣表面纹理指数、拉拔试验温度、沥青及组分黏度确定为比较数列,沥青与集料的黏附拉拔力为参考序列,分析沥青与钢渣的拉拔力影响因素,得到灰色关联理论数据见表6-31 和表6-32,可以分别计算出拉拔力、剥落率与各影响因素的灰色关联系数如表6-33、表6-34 所示。

沥青与钢渣剥落率影响因素正交表 表6-31

碱度	表面纹理指数	动水压力(psi)	动水温度(℃)	沥青黏度(N)	芳香分黏度(N)	胶质黏度(N)	剥落率(%)
3.06	566.8	20	20	405.9	388.2	172.5	7.94
3.06	566.8	20	20	375.8	338.2	190.2	8.12
3.06	566.8	30	40	481.0	272.2	175.5	8.06
3.06	566.8	30	40	453.6	289.1	249.3	8.26
2.67	371.9	20	20	405.9	388.2	172.5	10.16
2.67	371.9	20	20	375.8	338.2	190.2	10.46
2.67	371.9	30	40	481.0	272.2	175.5	11.80
2.67	371.9	30	40	453.6	289.1	249.3	11.98
2.29	371.9	20	20	405.9	388.2	172.5	11.11
2.29	504.0	20	20	375.8	338.2	190.2	11.62
2.29	504.0	30	40	481.0	272.2	175.5	12.03
2.29	504.0	30	40	453.6	289.1	249.3	13.04

注:1psi≈0.006895MPa。

沥青与钢渣拉拔力影响因素正交表　　　　　　　　　　　　　　　　　　　　表 6-32

碱度	表面纹理指数	拉拔温度(℃)	沥青黏度(N)	芳香分黏度(N)	胶质黏度(N)	拉拔力(N)
3.06	566.8	0	332.5	82.9	19.5	1152.7
3.06	566.8	10	357.2	289.4	32.5	1207.6
3.06	566.8	20	405.9	388.2	172.5	872.9
3.06	566.8	40	481.0	272.2	175.5	541.6
2.67	371.9	0	332.5	82.9	19.5	984.5
2.67	371.9	10	357.2	289.4	32.5	907.6
2.67	371.9	20	405.9	388.2	172.5	841.0
2.67	371.9	40	481.0	272.2	175.5	521.4
2.29	504.0	0	332.5	82.9	19.5	821.5
2.29	504.0	10	357.2	289.4	32.5	800.5
2.29	504.0	20	405.9	388.2	172.5	576.9
2.29	504.0	40	481.0	272.2	175.5	391.5

沥青与集料拉拔力影响因素的灰色关联系数　　　　　　　　　　　　　　　　　表 6-33

影响因素	碱度	表面纹理指数	动水压力(psi)	动水温度(℃)	沥青黏度(N)	芳香分黏度(N)	胶质黏度(N)
灰色关联系数	0.579	0.582	0.700	0.545	0.685	0.671	0.616

注:1psi≈0.006895MPa。

集料-沥青剥落率影响因素的灰色关联系数　　　　　　　　　　　　　　　　　表 6-34

影响因素	碱度	表面纹理指数	拉拔温度(℃)	沥青黏度(N)	芳香分黏度(N)	胶质黏度(N)
灰色关联系数	0.817	0.789	0.560	0.750	0.672	0.496

分析表 6-33、表 6-34 可知,影响沥青-钢渣的剥落率的因素大小顺序依次为:动水循环压力、沥青黏度、芳香分黏度、胶质黏度、钢渣表面纹理指数、钢渣碱度、动水循环温度,因此动水循环的外部压力是沥青-集料剥落率的最大影响因素;影响沥青-集料拉拔力的因素大小排序依次为:钢渣碱度、钢渣表面纹理指数、沥青黏度、芳香分黏度、拉拔试验温度、胶质黏度,因此沥青和集料的性质是影响沥青-集料拉拔的关键因素,此外沥青的黏度同样也是关键因素之一。

③沥青与集料黏附功的影响因素分析。

利用接触角测试法可计算出沥青与集料的黏附功,利用黏附功来定量评价 5 种集料与 70 号、90 号道路石油沥青的黏附性强弱。为进一步确定各种因素对沥青与钢渣的黏附功影响大小,本节采用灰色关联度分析法,以钢渣碱度、钢渣表面纹理指数、沥青黏度、钢渣与胶质黏附功、钢渣与芳香分黏附功、钢渣与饱和分黏附功作为比较数列,沥青与集料黏附功为参考数列。采取六因素一水平的正交试验表,由于本研究中沥青与集料的黏附功是在常温下测试接触角后计算出来,故本节采用20℃下的沥青拉拔力作为黏附数值,见表 6-35。可以分别计算出沥青与钢渣黏附功影响因素的灰色关联系数如表 6-36 所示。

第6章 钢渣沥青混凝土性能分析

沥青与钢渣黏附功影响因素正交表   表6-35

碱度	表面纹理指数	沥青黏度（N）	钢渣-胶质黏附功（mJ·m^{-2}）	钢渣-芳香分黏附功（mJ/m^2）	钢渣-饱和分黏附功（mJ/m^2）	沥青-钢渣黏附功（mJ/m^2）
3.06	566.8	405.9	50.419	60.015	88.509	62.073
3.06	566.8	375.8	74.214	56.674	68.070	61.211
2.67	371.9	405.9	39.908	52.719	79.848	56.234
2.67	371.9	375.8	66.809	44.514	57.462	52.843
2.29	504.0	405.9	32.443	42.906	65.002	45.780
2.29	504.0	375.8	54.386	36.184	46.746	42.998

沥青与钢渣黏附功影响因素的灰色关联系数   表6-36

影响因素	碱度	表面纹理指数	沥青黏度（N）	钢渣-胶质黏附功（mJ/m^2）	钢渣-芳香分黏附功（mJ/m^2）	钢渣-饱和分黏附功（mJ/m^2）
灰色关联系数	0.889	0.549	0.623	0.378	0.781	0.542

分析表6-36可知，影响沥青与钢渣黏附功的影响因素从大到小排序为：钢渣碱度、钢渣与芳香分黏附功、沥青黏附功、钢渣表面纹理指数、钢渣与饱和分黏附功、钢渣与胶质黏附功，可以看出钢渣的碱度对沥青与钢渣的黏附功影响最大。对比沥青三种组分与钢渣的黏附功的灰色关联系数可以发现，芳香分与钢渣的黏附功对沥青与钢渣的黏附功影响力最大，可以认为芳香分在沥青与钢渣的黏附效应中贡献值最高，其次为饱和分、胶质。

④沥青混合料水稳定性的影响因素分析。

沥青混合料抵抗水侵蚀的能力即为沥青混合料的水稳定性，影响沥青混合料水稳定的因素有很多，从混合料结构来讲，主要有沥青混凝土的级配类型、级配参数、油石比，从外部环境来看，主要有动水循环的压力与温度，从组成沥青混凝土的材料来看，主要有沥青与集料的黏附性、集料类型、沥青性质等。为进一步探究沥青混合料抗水损害能力的各种影响因素的大小，本节利用灰色关联度分析法，将钢渣碱度、钢渣表面纹理指数、沥青-集料黏附功、动水损害温度、动水损害压力作为比较数列，沥青混凝土的残留稳定度、冻融劈裂强度比为参考序列。采取五因素二水平的正交试验表，见表6-37，可以分别计算沥青混凝土的残留稳定度、冻融劈裂强度比与各影响因素的灰色关联系数，见表6-38。

钢渣沥青混凝土水稳定性正交试验表   表6-37

碱度	表面纹理指数	压力（psi）	温度（℃）	沥青-钢渣黏附功（mJ/m^2）	残留稳定度（%）	冻融劈裂强度比（%）
3.06	566.8	20	20	62.073	88.3	94
3.06	566.8	20	20	61.211	84.2	89.8
3.06	566.8	30	40	62.073	85.3	90
3.06	566.8	30	40	61.211	81	85.4

续上表

碱度	表面纹理指数	压力（psi）	温度（℃）	沥青-钢渣黏附功（mJ/m²）	残留稳定度(%)	冻融劈裂强度比(%)
2.67	371.9	20	20	56.234	85.8	93.8
2.67	371.9	20	20	52.843	80.7	90.1
2.67	371.9	30	40	56.234	83.1	86.9
2.67	371.9	30	40	52.843	77.5	81.2

注：1psi≈0.006895MPa。

沥青混凝土水稳定影响因素的灰色关联系数 表6-38

影响因素	钢渣碱度	钢渣表面纹理指数	动水压力（psi）	动水温度（℃）	沥青-集料黏附功（mJ/m²）
残留稳定度关联系数	0.817	0.520	0.485	0.367	0.832
冻融劈裂强度比关联系数	0.799	0.531	0.483	0.371	0.836

注：1psi≈0.006895MPa。

分析表6-38可知，无论以残留稳定度为参考数列还是以冻融劈裂强度比为参考数列，沥青混合料水稳定影响因素的大小顺序为沥青-集料黏附功、钢渣碱度、钢渣表面纹理指数、动水压力、动水温度。这也表明了沥青-集料黏附功在沥青混合料的抗水损害能力中起到了决定性的作用，其次为集料的碱度值。

因此，在实际工程施工和应用中，针对不同的评价指标可以进行有针对性的控制。例如，在考虑路面最终的服役年限时，应以沥青与集料黏附失效的拉拔力来评价，此时要重点考虑集料的酸碱度与沥青的黏度。在原材料的使用上，优选选用玄武岩、钢渣等碱性集料以及黏度较高的改性沥青。若考虑沥青路面抵抗水侵蚀的松散、掉粒等状况，应以沥青-集料的剥落率来评价，此时应重点关注路面的行车荷载和降雨量等外部环境因素。若考虑沥青混凝土路面的水稳定性能，选用黏附等级较高的沥青与集料。

6.2.3 钢渣对沥青组分的选择性吸收行为及其机理研究

当沥青与固态材料接触时，两者之间的表面能会因为温度和压力等的变化而改变。而此时沥青中流动性能不同的组分会在固体表面发生分离，在宏观上表现为沥青被选择性吸收。实际上选择性吸收这一现象非常普遍，研究学者对此也展开了不少工作。赵可早在2002年就证实了聚合物改性剂会选择性吸收沥青中的饱和分和芳香分等轻质组分而发生溶胀。王涛在探讨SBS改性沥青机理中发现SBS易吸收沥青中的饱和分而使自身的表面能降低。兴友等人研究了硅藻土对沥青的吸收行为，研究结果表明，沥青中的小分子饱和分和芳香分会被选择性吸入硅藻土空腔中，而且硅藻土对沥青的吸收程度与沥青中饱和分含量成正比。李廷刚认为橡胶沥青的形成主要是因为溶胀反应，而溶胀现象与橡胶颗粒对沥青中轻质组分的吸收密切相关。罗蓉研究了石灰岩对沥青的选择性吸收现象，结果表明在紫外光照射下石灰岩沥青混合料样品中心部位呈现明显的亮色，即出现荧光效应；而样品边缘则呈现黑色。这是因为沥青中具有荧光活性的组分与其他组分通过石灰岩微孔隙时发生了明显的组分分离。

与石灰岩等天然集料相比,钢渣的孔隙结构更为丰富,因此其对沥青的吸收作用更加明显。这种吸收现象的发生与两方面的因素有关,一是沥青组分的流变性能和表面张力,二是钢渣的表面微观特性与孔径结构。图6-36显示的是沿重力方向切开的钢渣沥青混凝土中钢渣孔隙内外组分的分布情况。图中模量分布结果表明选择性吸收行为发生后,在钢渣孔隙内表面多为饱和分和芳香分等轻质组分,而外表面则分布未被吸收的重质组分。因此,可利用沥青不同组分间的物化特性差异,通过先进的微观测试方法来直接表征钢渣对沥青的选择性吸收行为。

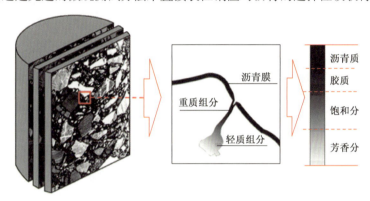

图6-36 钢渣沥青混凝土切开面孔隙及其对应的孔隙结构

本节通过场发射电子显微镜(SEM)和电子计算机断层扫描(CT)对两种产地的钢渣的微观形貌和孔隙特征进行研究,分析钢渣特性差异对沥青组分选择性吸收行为的影响。采用紫外分析仪照射经沥青-甲苯溶液浸泡3d、15d、30d和90d的钢渣试样,动态观测其荧光的分布情况,同时对比通过浸泡法和混合料法制备的试样的荧光分布异同,最后借助纳米压痕仪测试发生选择性吸收的钢渣其孔隙内外区域的硬度和模量,以揭示各组分在钢渣孔隙的分布规律。

1) 钢渣微观形貌与孔隙特征分析

(1) 微观形貌。

钢渣集料的表面形貌是影响其对沥青吸收的重要因素。本文选用的广西钢渣和湖北钢渣进行形貌分析,微观形貌见图6-37和图6-38。

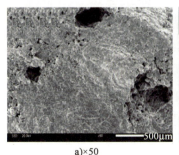
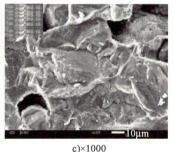

a) ×50   b) ×200   c) ×1000

图6-37 广西钢渣的微观形貌

图 6-38 湖北钢渣的微观形貌

图 6-37 和图 6-38 的钢渣的形貌图显示两种钢渣的表面纹理都较为粗糙,其内外表面都附着很多蜂窝状的小孔。仔细观察可以发现放大倍数为 200 的形貌图中钢渣表面聚集较多的微小"粉尘",这些"粉尘"是钢渣中包含的碱性水化产物。对比两种钢渣的形貌图可以看出湖北钢渣的孔隙结构分布更为密集,其放大倍数为 1000 的形貌图中含有更多微小的孔隙结构。这些孔隙的直径范围在 $1 \sim 15 \mu m$ 之间,较广西钢渣的孔隙更为细小。钢渣中的微米级孔隙决定了其对沥青这种流体的吸收和储存,这与钢渣对沥青的选择性吸收行为密切相关。

(2) 孔隙特征。

从广西钢渣和湖北钢渣中各挑选一颗表面孔隙特征较为明显的钢渣,将其放入沥青-甲苯溶液中浸泡 90d 以此来制备待观测的试样。采用 CT 对裹覆沥青的两种钢渣进行三维扫描,其整体和某一部位截面的扫描图像见图 6-39 和图 6-40。

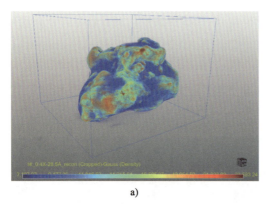

a)

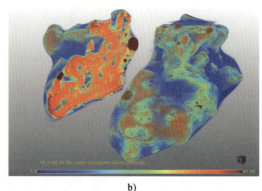

b)

图 6-39 广西钢渣整体和某一部位截面的三维扫描图像

钢渣和沥青两者由于密度差异在扫描图像中会显示不同的颜色,这点可以在图 6-39 和图 6-40 中得以体现。从截面三维扫描图像可以看出,两种钢渣内表面的孔隙处都分布有与外层沥青相同的颜色。这表明通过沥青-甲苯溶液的浸泡方式,钢渣对沥青的吸收效果比较明显。

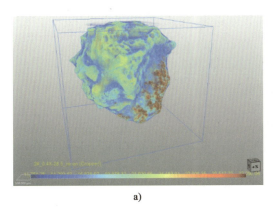
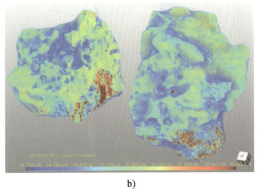

a)   b)

图 6-40　湖北钢渣整体和某一部位截面的三维扫描图像

为了更清晰地观察沥青在钢渣中的分布和计算钢渣的孔隙率和孔体积,将存在于钢渣中的不同密度的矿物统一设定为一种颜色,两种钢渣转换后的整体图像见图 6-41。两种钢渣在不同平面方向(即 xy 方向、xz 方向和 yz 方向)中间部位截面的扫描图像见图 6-42 和图 6-43。

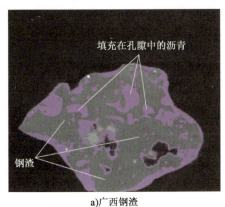

a)广西钢渣　　　　　　　　　　　　b)湖北钢渣

图 6-41　转化后的两种钢渣的整体图像

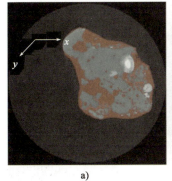
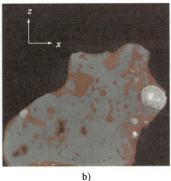
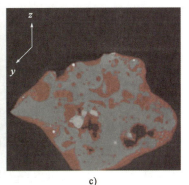

a)　　　　　　　　　　　　b)　　　　　　　　　　　　c)

图 6-42　广西钢渣三个截面方向中间部位的扫描图像

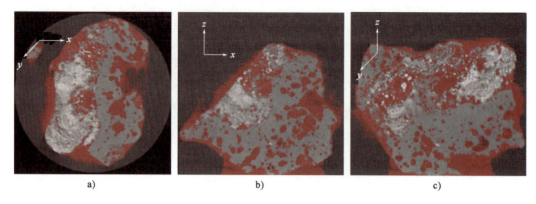

图 6-43 湖北钢渣三个截面方向中间部位的扫描图像

从图 6-41 中被孔隙填充的沥青分布来看,两种钢渣都存在一定数量的连通孔隙,这是其吸收沥青的重要因素。图 6-42 和图 6-43 中的三个不同方向的截面中部扫描图像证实两种钢渣的内部确实吸附了一定量的沥青。

三维 X 射线显微镜分析系统根据图 6-41 中颜色差异可自动计算出钢渣的总孔隙率和总孔体积,其结果见表 6-39。由表可知,湖北钢渣的总孔隙率是广西钢渣的 2.26 倍,其总孔体积达到广西钢渣的 2.67 倍,这表明湖北钢渣的孔隙结构较广西钢渣丰富。

两种钢渣的总孔隙率和总孔体积　　表 6-39

钢渣种类	总孔隙率(%)	总孔体积($\times 10^{12} \mu m^3$)
广西钢渣	5.951	1.049
湖北钢渣	13.457	2.802

2) 钢渣对沥青组分选择性吸收行为的表征方法

(1) 荧光显微技术。

采用 70 号沥青和湖北钢渣为代表试样,借助紫外分析仪对经沥青-甲苯溶液浸泡的钢渣试件进行动态观测。在 70 号沥青-甲苯溶液中浸泡 3d、15d、30d 和 90d 后的湖北钢渣经切割后在自然光和紫外光下的状态见图 6-44。

a)3d　　　　b)15d　　　　c)30d　　　　d)90d

图 6-44

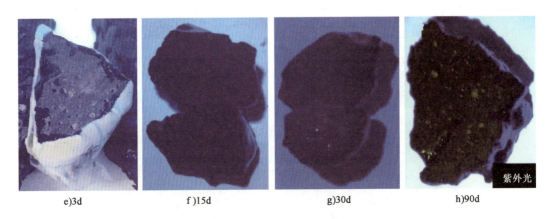

图6-44 浸泡不同时间的湖北钢渣在自然光和紫外光下的荧光分布

由图6-44可知,浸泡时长为3d的钢渣经切割后其截面没有涂覆任何沥青,且其在紫外光下也未出现亮色部分。浸泡15d和30d的钢渣截面孔隙中有少许沥青,但其沾有沥青的区域在紫外光下也未发光。而浸泡90d的钢渣截面的孔隙处涂覆有大量沥青,且其对应部位在紫外光下都显现了明显的荧光效应。这表明钢渣对沥青的选择性吸收存在时限性,只有达到一定时长后,选择性吸收才会发生。

为了更好地利用荧光显微技术来观测钢渣对沥青的选择性吸收行为,采用浸泡法和混合料法两种方式来制备所需的试样。将在70号和90号沥青-甲苯溶液中浸泡90d的广西钢渣编为1号试样和2号试样,对应的湖北钢渣编号为3号试样和4号试样。四种沥青裹覆的钢渣试件经切割打磨后在自然光和紫外光下的状态见图6-45。

图6-45表明四种钢渣试件的表面都涂覆有部分沥青,且其对应部分在紫外光下均显现了荧光效应。2号和4号钢渣试样是经90号沥青浸泡过的,其荧光效应较1号和3号明显,这表明90号沥青更容易在钢渣孔隙中发生选择性吸收,源于其成分中含有更多的轻质组分。四种试件中4号钢渣试样的荧光分布更广,亮度更为明显,表明孔隙率较高的湖北钢渣更容易选择性吸收沥青中的轻质组分。

将广西钢渣70号沥青混合料、广西钢渣90号沥青混合料、湖北钢渣70号沥青混合料和湖北钢渣90号沥青混合料依次编为1号~4号。四种类型的混合料成型90d后其切割得到的薄片在自然光和紫外光下的状态见图6-46。图中显示只有3号试样在紫外光下出现了少许的亮色,其余三种钢渣沥青混合料的薄片并未出现荧光效应。这表明成型混合料法制备的试件不太适用于荧光显微技术来表征钢渣对沥青的选择性吸收现象。

(2) 纳米压痕技术

纳米压痕技术是近年来从纳米到微米深度去表征材料微观力学性能的最重要技术之一。它基于接触力学的基本理论,通过在纳米和纳米精度上测量材料在压入过程中的荷载-压入深度曲线,获得材料的模量、硬度和徐变等微观力学参数。本文采用hysitron T60纳米压痕仪进行试验,在测试过程中材料表面的变化情况见图6-47,所得的荷载-深度曲线见图6-48。

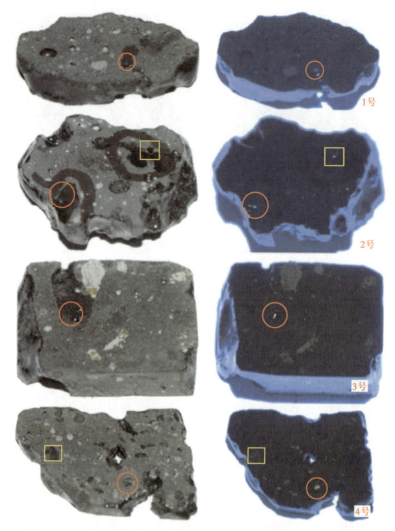

图 6-45　四种钢渣试件薄片在两种光下的荧光分布（左：自然光；右：紫外光）

图 6-46　四种类型混合料薄片在两种光下的荧光分布（左：自然光；右：紫外光）

第 6 章 钢渣沥青混凝土性能分析

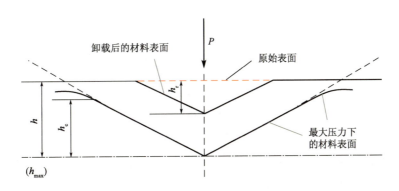

图 6-47 加载和卸载作用下的材料表面变化

图 6-47 中的接触深度 h_c 是压头压入时与被压材料完全接触的深度,h_r 为卸载后的深度。图 6-48 中荷载-深度曲线 ab 段、bc 段 cd 段分别为加载阶段、持载阶段和卸载阶段。

被测材料的硬度 H 的计算公式如下:

$$H = \frac{P_{\max}}{A_c} \tag{6-34}$$

式中:$P_{\max}$——最大荷载,kN;

A_c——投影接触面积,其为接触深度 h_c 的函数。

面积函数 A_c 可由 Oliver-Pharr 法求得,其表达式如下:

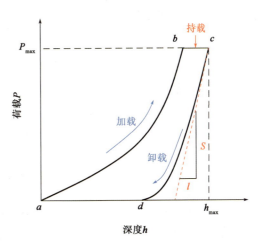

图 6-48 纳米压痕测试中荷载-深度曲线

$$A_c = C_1 h_c^2 + C_2 h_c + C_3 h_c^{\frac{1}{2}} + C_4 h_c^{\frac{1}{4}} + \cdots \tag{6-35}$$

式中,C_1 取 24.56,对于理想压头,面积函数可以表达为式(6-36)。

$$A_c = 24.56\, h_c^2 \tag{6-36}$$

材料的模量 E_r 和刚度 S 可以分别根据式(6-37)和式(6-38)计算求得。

$$\frac{1}{E_r} = \frac{1-\nu^2}{E} + \frac{1-\nu_i^2}{E_i} \tag{6-37}$$

$$S = \frac{\mathrm{d}P}{\mathrm{d}h} = \frac{2}{\sqrt{\pi}} E_r \sqrt{A_c} \tag{6-38}$$

式中:E_r——折合模量;

E、E_i——分别为待测材料和压头的杨氏模量;

ν、ν_i——材料和压头的泊松比。对于金刚石压头,其对应的模量和泊松比分别为1141GPa和0.07。

图6-49~图6-52分别为1号钢渣~4号钢渣试件的纳米压痕测试区域与对应的荷载-位移曲线。每种钢渣表面的沥青区域均设置10个压痕点,测试温度为当天环境温度(10℃)。

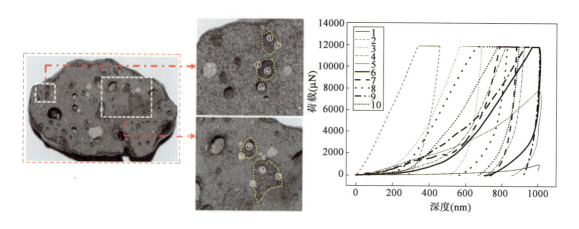

图6-49　1号钢渣试件纳米压痕测试区域与结果

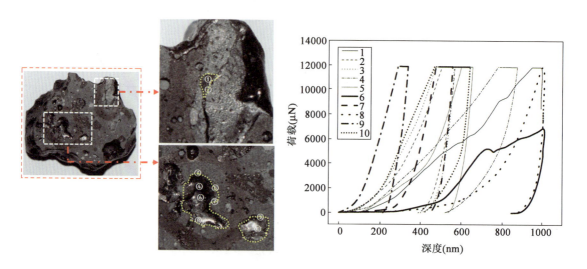

图6-50　2号钢渣试件纳米压痕测试区域与结果

从四种钢渣试件的荷载-压痕曲线可以看出,1号、2号和3号钢渣试件的内外区域压痕深度均存在较大差别,总体趋势表现为钢渣孔隙内的区域压痕深度明显大于其对应的孔隙外的压痕深度。4号钢渣试件的内外10个测试点的压痕深度均超过了800nm,但其每个点对应的压痕深度差异性较小。一般来说,压痕深度越大代表该区域的硬度越小,因此这在一定程度上可以反映钢渣内表面分布为硬度较低的组分,而外表面多为硬度较高的组分。

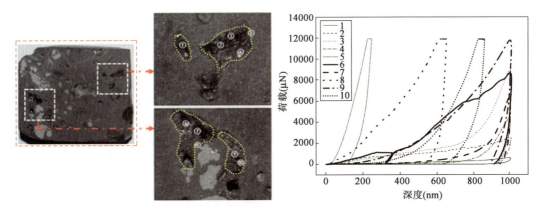

图 6-51　3 号钢渣试件纳米压痕测试区域与结果

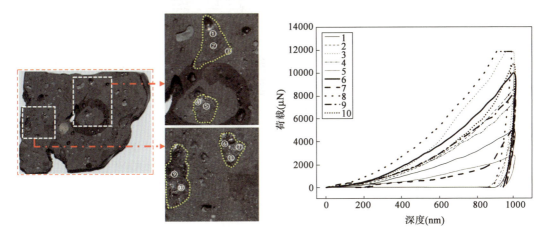

图 6-52　4 号钢渣试件纳米压痕测试区域与结果

3）沥青组分在钢渣孔隙中的分布规律

荷载-压痕曲线已定性表明了钢渣孔隙内外确实分布为不同硬度的沥青组分,下面借助模量和硬度定量表征组分在钢渣孔隙中的分布情况。通过式(6-34)和式(6-37)计算得到的钢渣表面的沥青区域的硬度和模量见图 6-53。从图中可以看出,四种钢渣表面的沥青区域的主要模量区间为 30~60GPa、20~70 GPa、10~40GPa 和 10~35GPa。就 1 号钢渣而言,其标号为 1、5 和 6 对应的模量值较小,而这些点正好处于钢渣孔隙内表面的区域。而孔隙外表面的标号为 2、7 和 8 所在的区域模量值较高。2 号、3 号和 4 号钢渣均显示与 1 号钢渣相似的规律。表明钢渣孔隙内表面分布为模量值较高的饱和分和芳香分等轻质组分,而外表面多为重质组分。3 号和 4 号湖北钢渣表面沥青区域的模量区间较 1 号和 2 号广西钢渣小,这是因为湖北钢渣的孔隙结构更为丰富,其能吸收更多的模量值较小的轻质组分。

硬度与模量并未表现出一一对应的正相关关系,但其分布规律与模量大致对应。整体看来,模量值较大的组分更倾向于分布在钢渣孔隙的外表面,而模量值小的轻质组分则留在钢渣孔隙的内表面。

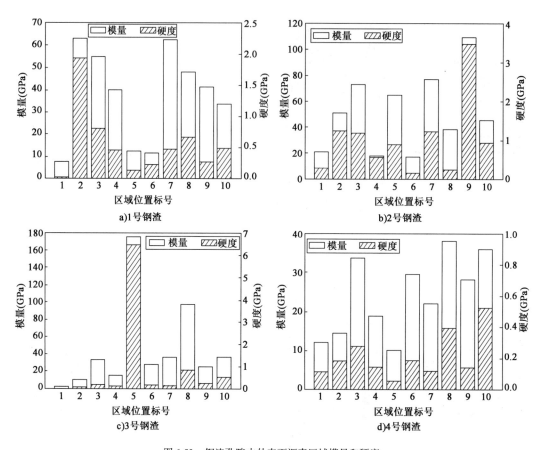

图6-53 钢渣孔隙内外表面沥青区域模量和硬度

第7章 钢渣微表处混合料性能分析

微表处是一种可以显著提高道路的路用性能且快速开放交通的养护技术,该技术可有效恢复路面的摩擦力,增加路面的耐磨性能,延长路面的使用寿命,具有修补车辙的功能且可以起到更好的封层效果。钢渣具有良好的抗滑性能和耐磨性能,材料特性与微表处材料需求相匹配,是潜在的优质集料资源。为进一步丰富钢渣的使用途径,增加钢渣的附加值。本章对钢渣微表处混合料高、低温性能和抗剪性能进行了系统研究,为钢渣在沥青路面养护工程中的应用提供指导。

7.1 钢渣微表处级配设计及基础路用性能研究

7.1.1 配合比设计

我国微表处混合料的级配设计以 ISSA 微表处混合料级配为标准,通过大量的试验和工程实践制定完成,如表7-1 所示。

我国微表处级配范围　　　　表7-1

级配类型	通过下列筛孔(mm)的质量百分率(%)							
	9.5	4.75	2.36	1.18	0.6	0.3	0.15	0.075
MS-2	100	90~100	65~90	45~70	30~50	18~30	10~21	5~15
MS-3	100	70~90	45~70	28~50	19~34	12~25	7~18	5~15

我国微表处混合料一般为公称最大粒径为4.75mm 的 MS-2 型微表处和公称最大粒径为9.5mm 的 MS-3 型微表处。其中 MS-3 型微表处混合料路用性能更高一般用于载荷大、车辆流量大的高速公路、一级公路;MS-2 型微表处路用性能较 MS-3 型级配低,一般用于交通流量一般的高速公路和一、二级公路。本试验中选用的微表处级配为 MS-3 型微表处。

1)级配设计

研究表明微表处混合料级配设计宜粗不宜细,且微表处经常用于修补车辙,因此微表处混合料对抗车辙变形的要求较高,对微表处混合料进行设计时应偏向粗集配。实际工程中,微表处混合料常用作高等级公路的养护层,同时对抗车辙性能有着一定的要求,细级配微表处虽然在铺设初期外观良好,但是在使用一段时间后出现了抗滑能力不足的问题,反而外观不好的粗集配微表处在使用一段时间后表面变得美观且保留了良好的抗滑性能。另一方面,间断级配的微表处混合料在施工和拌和时常常出现问题,会造成微表处混合料的表面不均,粗集料易飞散,因此间断级配需谨慎使用。所以本试验选用 MS-3 连续级配进行级配设计,微表处混合料合成级配曲线见图 7-1。

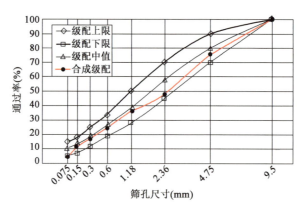

图 7-1　微表处混合料合成级配图

2)复掺方式

根据粒径将集料分为 3 种粒径,分别是细集料:0～2.36mm、中集料:2.36～4.75mm、粗集料:4.75～9.5mm。将钢渣与玄武岩分别替换粗集料、中集料、细集料得到 8 种配比方式。各组配合方式见表 7-2。

微表处混合料各组配合方式　　　　　　表 7-2

编号	粗集料	中集料	细集料
1	玄武岩	玄武岩	玄武岩
2	钢渣	玄武岩	玄武岩
3	钢渣	钢渣	玄武岩
4	玄武岩	钢渣	玄武岩
5	玄武岩	钢渣	钢渣
6	玄武岩	玄武岩	钢渣
7	钢渣	玄武岩	钢渣
8	钢渣	钢渣	钢渣

3)确定最佳油石比

拌和试验是微表处混合料配合比设计中为确定微表处混合料水泥用量和最佳沥青用量提供依据的重要环节。拌和试验的具体步骤如下:

(1)将配好的集料和填料倒入拌锅中拌匀,然后加入相应质量的水拌匀,将相应质量的改性乳化沥青迅速倒入拌锅中充分搅拌,倒入乳化沥青后开始计时。

(2)将混合料沿着一个方向保持持续不变地均匀搅拌,保持拌和速率 60~70r/min,在拌和的同时观察拌和状态。

(3)当拌和混合料开始感觉到困难时,混合料已经开始变稠,说明此时混合料已经开始破乳,此刻记录的时间即为混合料的可拌和时间。

(4)将混合料继续拌和,直到混合料无法进行拌和,此刻纪录的时间为不可施工时间。

(5)若根据上述步骤记录的混合料可拌和时间没有达到规范要求。则应重新调整混合料的配比,将调整后的混合料重复上述试验步骤直到混合料的可拌和时间符合要求为止。

选用 5 个油石比 6%、6.3%、6.6%、6.9%、7.2% 做拌和试验,水泥添加量的范围为 0.5%~2%,水的添加量范围为 6%~12%,根据上述步骤测定每组混合料的可拌和时间,同时在拌和时观察混合料的稠度情况。部分试验结果如表7-3 所示。

拌和试验拟定配合比及试验结果 表 7-3

集料(g)	改性乳化沥青(g)	水泥(g)	水(g)	可拌和时间(s)	结果
100	9.52	1	9	120	稠度稀
	9.52	1	6	100	颗粒状
	9.52	1.5	6.5	140	稠度好
	9.94	1	12	175	稠度稀
	9.94	1.5	6	140	稠度好
	9.94	0.5	7	160	稠度稀
	10.46	2.0	8	165	稠度好
	10.46	1.5	10	170	稠度稀
	10.94	1	10	165	稠度稀
	10.94	2	8	145	稠度好
	11.41	2	6	135	稠度好
	11.41	1	6.5	150	稠度好
	11.41	0.5	7	165	稠度稀
	11.83	0.5	7	175	稠度稀
	11.83	1.5	6.5	155	稠度好
	11.83	2	6.5	150	稠度好

选用 4 个油石比 6%、6.3%、6.6%、6.9% 分别进行 1h 湿轮磨耗和黏附砂量试验,根据试验结果确定各组微表处混合料的最佳油石比。试验结果见图 7-2。

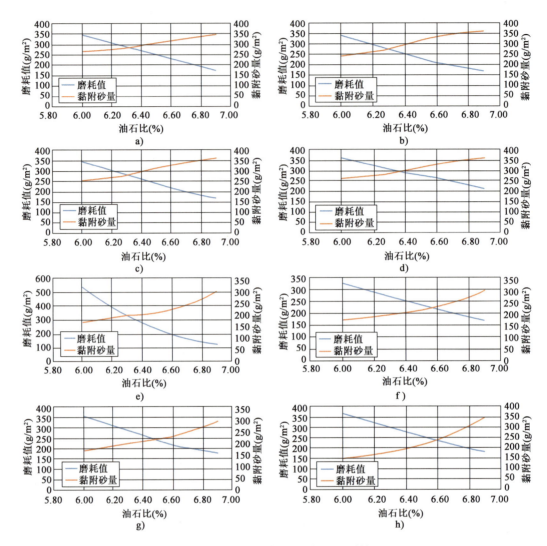

图7-2 各组1h湿轮磨耗与黏附砂量试验结果

由试验结果可知,钢渣的掺入对微表处混合料油石比的影响较大,每组最佳油石比分别取6.33%、6.27%、6.30%、6.38%、6.57%、6.55%、6.55%、6.6%最为合适。1~4组微表处混合料的最佳油石比明显低于5~8组微表处,0~2.36mm粒径的钢渣对微表处混合料最佳油石比的影响最大,2.36~9.5mm粒径的钢渣对微表处混合料最佳油石比影响较小。根据经济效益和施工情况等综合考虑,选用水泥1.5%,水在6%~7%调整较为合适。

7.1.2 基础路用性能研究

1) 1h湿轮磨耗试验结果分析

1h湿轮磨耗各组磨耗值见图7-3。

第7章 钢渣微表处混合料性能分析

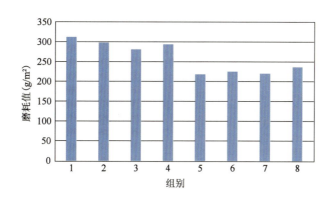

图 7-3　1h 湿轮各组磨耗值

分析图 7-3 可知：

(1) 无论钢渣以何种方式掺入制成的微表处混合料的耐磨耗性能均符合规范要求，并且都有着优秀的耐磨耗性能。

(2) 1~4 组的耐磨耗性能明显低于 5~8 组，0~2.36mm 粒径钢渣的掺入明显提升了微表处混合料的耐磨耗性能。另一方面，4.75~9.5mm 粒径的钢渣与 2.36~4.75mm 粒径的钢渣都能在一定程度上增强微表处混合料的耐磨耗性能，但效果不如 0~2.36mm 粒径钢渣明显。不同粒径钢渣对微表处混合料性能影响程度从大到小排列为：(0~2.36mm) > (2.36~4.75mm) > (4.75~9.5mm)。

(3) 粒径小于 2.36mm 的钢渣细集料的掺入使得微表处混合料的最佳油石比提高，这可能是微表处耐磨耗性能提升的原因之一，但是通过之前确定最佳油石比的过程可以发现在同等油石比的情况下掺入 0~2.36mm 粒径的钢渣微表处混合料耐磨耗性能仍远高于 0~2.36mm 粒径玄武岩组成的微表处混合料。因此可以确定 0~2.36mm 粒径钢渣的掺入可以明显提升微表处混合料的耐磨耗性能。

(4) 产生这种现象的主要原因是相较于玄武岩，钢渣的强度高，耐磨，钢渣的掺入使得微表处混合料的耐磨耗性能提升。另一方面，钢渣相较于玄武岩表面更为粗糙，同时钢渣表面多孔且钢渣中含有大量金属阳离子、表面呈碱性，增加了钢渣与沥青的黏结力，使得微表处混合料的内黏结力增强，并且钢渣相较于玄武岩具有更丰富的棱角性，成形后集料之间具有更好的锁结力，使得微表处混合料能有效抵抗载荷破坏，这就使得微表处混合料的耐磨耗性能增强。

综上所述，钢渣的掺入能够有效提升微表处混合料的耐磨耗性能，全钢渣微表处耐磨耗性能优异，在车流量大的道路上铺设时能具有更长的使用寿命。

2) 6d 湿轮磨耗试验结果分析

6d 湿轮磨耗试验各组磨耗值见图 7-4。

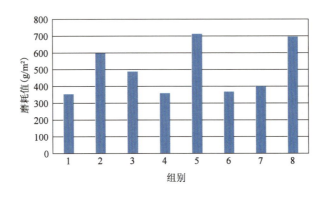

图 7-4 6d 湿轮各组磨耗值

分析图 7-4 可知：

(1) 钢渣复掺微表处混合料 6d 湿轮磨耗值都符合规范要求。

(2) 通过研究单一粒径钢渣代替玄武岩对微表处混合料 6d 湿轮磨耗值的影响,我们可以发现,0~2.36mm 和 2.36~4.75mm 粒径的钢渣集料对微表处混合料抗水损害性能影响较小,微表处混合料抗水损害性能会有一定的下降但是程度很小,4.75~9.5mm 粒径的钢渣会导致微表处混合料的抗水损害性能显著下降。

(3) 粒径为 0~2.36mm 和 2.36~4.75mm 的钢渣集料单一替代玄武岩时对微表处混合料的抗水损害性能影响不大,但是当钢渣替代两种或两种以上粒径玄武岩时,会导致微表处的抗水损害性能显著下降。因此,在多雨且交通流量大的道路铺设微表处混合料时应注意钢渣的运用,若要使用钢渣时应尽量使用单一粒径钢渣微表处混合料,若是较为干旱的地区可以加大钢渣的用量。

(4) 产生这种现象的主要原因是:钢渣具有更多的表面微孔,吸水率远远大于玄武岩,微表处混合料铺设后水分排出导致钢渣颗粒表面产生了很多的细小空隙,从而影响了钢渣与沥青黏结料之间界面的连续性,当有水进入微表处混合料时,水会更容易使钢渣的沥青膜脱离、剥落、同时钢渣集料中物质复杂,与水反应发生多种水化反应:

$$3CaO \cdot SiO_2 + nH_2O \longrightarrow xCaO \cdot SiO_2 \cdot yH_2O + (3-x)Ca(OH)_2 \qquad (7-1)$$

$$2CaO \cdot SiO_2 + mH_2O \longrightarrow xCaO \cdot SiO_2 \cdot yH_2O + (2-x)Ca(OH)_2 \qquad (7-2)$$

$$CaO + H_2O \longrightarrow Ca(OH)_2$$

这些物质在钢渣表面形成了包覆钢渣颗粒的保护膜,将钢渣与沥青隔离开来,使钢渣与沥青之间的空间发生膨胀,不能紧密贴合,因此 4.75~9.5mm 粒径钢渣的掺入导致微表处混合料的抗水损害性能降低。

3) 轮辙变形试验结果分析

轮辙变形试验各组宽度变形率见图 7-5。

第 7 章 钢渣微表处混合料性能分析

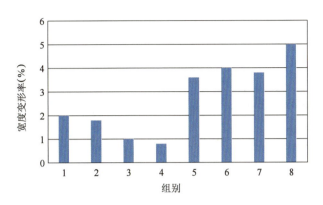

图 7-5 轮辙变形试验各组宽度变形率

分析图 7-5 可知：

(1) 所有试样的宽度变形率均符合规范要求。

(2) 从试验结果可以看出：1~4 组的宽度变形率明显低于 5~8 组，粒径为 0~2.36mm 的钢渣细集料的掺入使得微表处混合料的宽度变形率明显上升，因此，0~2.36mm 粒径的钢渣明显降低了微表处混合料的抗车辙性能。通过 1~4 组和 5~8 组的组内对比可以得出粒径为 4.75~9.5mm 的钢渣粗集料能一定程度的增强微表处混合料的抗车辙能力，粒径为 2.36~4.75mm 的钢渣中集料能明显增强微表处混合料的抗车辙性能，并且随着钢渣掺入量的提升，微表处混合料的抗车辙性能也随之提升。综上所述，钢渣细集料对微表处混合料的抗车辙性能有着不利影响，因此在有抗车辙要求的养护路面或是微表处混合料应用于填补车辙时应避免使用钢渣细集料。

(3) 钢渣的掺入使微表处混合料的抗车辙性能增强的主要原因是，钢渣表面较粗糙，同时钢渣的棱角更为突出，这些表面形貌特点有利于增大钢渣混合料的内磨阻力，从而更有利于形成嵌挤结构，提升了钢渣微表处的抗剪切能力，因此钢渣的掺入可以增强微表处混合料的抗车辙性能。但是由于 0~2.36mm 粒径钢渣的掺入使得油石比增加，同时改变了微表处混合料的流变性能，导致微表处混合料的抗车辙性能下降。

(4) 不同粒径的钢渣对微表处混合料抗车辙性能的影响不同，全钢渣微表处的抗车辙性能较弱。水性环氧树脂添加入乳化沥青之中后再加入固化剂，在破乳后会在微表处混合料内部形成网络状的固化结构，提高了微表处混合料的强度。另一方面环氧树脂固化物分子之间形成了氢键，在应力较高的情况下，氢键会发生断裂并且吸收行车载荷带来的能量从而保护共价键，应力消失后氢键又恢复。所以在微表处混合料之中加入水性环氧树脂能够提高微表处混合料的硬度和抗冲击性，抵抗车辙造成的变形。

4) 摆式摩擦系数试验结果分析

在摆式摩擦系数试验中，各组试验结果如表 7-4 所示。

各组微表处混合料摆值 表7-4

编号	1	2	3	4	5	6	7	8
摆值	68	74	85	74	81	79	91	85

分析表7-4可知：

(1)相较于集料全部为玄武岩的微表处混合料，无论是用钢渣代替部分玄武岩还是用钢渣全部代替玄武岩制成的微表处混合料的摆值都更大，说明钢渣的掺入会使得微表处混合料的摩擦系数不同程度地增强。

(2)微表处表面的摩擦力由摆值表征，使用一种粒径的钢渣代替玄武岩可使微表处摩擦力在一定程度上增强，使用两种不同粒径钢渣代替玄武岩使微表处混合料的摩擦力显著增强，全钢渣微表处混合料虽然并未使得摩擦力进一步增强但相比玄武岩仍显著增强了摩擦力，提高了混合料的抗滑性能。故钢渣可以使微表处混合料的抗滑性能显著增强。

(3)产生这种现象的主要原因是，初始摆值由集料的表面纹理所决定，钢渣的棱角性和纹理指数都高于玄武岩，因此钢渣集料比玄武岩集料更粗糙，钢渣集料更加粗糙的表面使微表处表面摩擦力上升。同时，钢渣集料的磨光值远远大于玄武岩集料，随着交通的开放，使用玄武岩铺设的罩面表面很容易就被磨平，导致普通微表处罩面的抗滑性能迅速衰减，与此相反，钢渣集料不仅由于其更高的磨光值延缓了抗滑性能的衰减，而且钢渣集料作为炼钢时的副产物，其矿物组成分布不如玄武岩集料均匀，导致钢渣表面的次生纹理更加丰富，有效增大了微表处混合料的摆值。

(4)钢渣与玄武岩复掺的微表处具有更加优秀的抗摩擦力衰减性能。这是因为在摩擦力衰减过程中钢渣颗粒和玄武岩颗粒的磨耗差异对微表处混合料的构造深度产生了影响。钢渣的磨光值高于玄武岩，钢渣颗粒比玄武岩颗粒更加耐磨耗，随着开放交通时间的延长，钢渣与玄武岩之间产生了磨耗差异，从而提升了复掺钢渣微表处的构造深度，具有良好的再生纹理。因此，钢渣的掺入不仅能提升微表处混合料刚开放交通时的表面摩擦力，对微表处混合料在开放交通一段时间后抗滑性能的衰减也有延缓作用。

7.2 钢渣微表处混合料性能研究

7.2.1 高温抗车辙性能试验

微表处混合料作为铺设在沥青路面表面之上的磨耗层，温度与气候对其影响巨大，同时，微表处混合料的另一个主要作用是恢复沥青路面的平整性和抗滑性能。高温与重载环境下易产生车辙，不仅会降低微表处混合料的使用寿命，也与微表处预养护的初衷相违背。故研究不同钢渣复掺方式的微表处混合料的高温抗车辙性能十分必要。

1)试验方法

试验过程参考《公路工程沥青及沥青混合料试验规程》(JTG E20—2011)规范的同时进行一些改进。首先成形 300mm×300mm×50mm AC-13 级配车辙板,首先将车辙板在 60℃,轮压为 0.7MPa±0.05MPa 条件下碾压 30min,取出车辙板,在车辙板上形成的车辙中填补各组微表处混合料,以模拟微表处混合料对车辙的修补。填补完毕后养护 7d,再放入车辙仪中进行车辙试验。

试件进行车辙试验过程如下:

(1)放入试件,使试验轮压在填补的微表处混合料上,通过控制试验轮确保其与试件之间的压强为 0.7MPa±0.05MPa。

(2)设置车辙仪温度为 60℃±1℃,将试件在车辙仪中保温 6h。

(3)将试验轮的行走距离设置为 230mm±10mm,试验轮的行走速度为 42 次/min,试验轮的行走方向和微表处混合料填补方向相同。

(4)进行试验,并且记录下试验数据。

钢渣微表处混合料的高温抗车辙性能通过动稳定度表征。动稳定度计算方式如下:

$$DS = \frac{(t_2 - t_1) \times N}{(d_2 - d_1) \times C_1 \times C_2} \tag{7-3}$$

式中:DS——动稳定度;

d_1——t_1(第 45min)的变形量,mm;

d_2——t_2(第 60min)的变形量,mm;

N——试验轮碾压次数,次;

C_1——试验机类型系数,本试验采用 1.0;

C_2——试件系数,本试验采用 1.0。

2)试验结果分析

钢渣微表处混合料高温车辙试验结果如表 7-5 所示。

钢渣微表处混合料高温车辙试验结果　　　　　表 7-5

编号	车辙厚度(mm)	动稳定度(次/mm)
1	27	3575
2	27	3652
3	27	3747
4	27	3956
5	27	3192
6	27	2988
7	27	3112
8	27	3276

分析表7-5可知：

（1）各种方式复掺钢渣的微表处混合料动稳定度数值均比较高，由此说明各组微表处都有良好的高温抗车辙能力。

（2）钢渣与玄武岩对微表处混合料的动稳定度影响明显不同，1～4组的动稳定度明显高于5～8组，说明0～2.36mm粒径钢渣的掺入会导致微表处混合料动稳定度的下降。从1～4组和5～8组中数据的对比可以看出，在0～2.36mm粒径集料相同的情况下，钢渣的掺入能有效提高微表处混合料的动稳定度，并且2.36～4.75mm粒径的钢渣对微表处混合料动稳定度的增强最为明显。因此，2.36～9.5mm粒径的钢渣掺入微表处混合料中能明显增强微表处混合料的高温抗车辙性能。

（3）分析试验结果，影响微表处混合料高温稳定性能的主要原因在于钢渣和玄武岩之间性能的差别。首先，粒径大于2.36mm的钢渣颗粒形状相较于玄武岩更加均匀且形状更接近正方形，这就使得随着钢渣颗粒的掺入微表处混合料内部形成了优秀的嵌挤结构，从而有效提高微表处混合料的抗剪切性能，玄武岩颗粒相较于钢渣颗粒更软，钢渣的掺入使得微表处混合料的刚度增加，提高了抵抗载荷对微表处混合料的剪切破坏。同时，由于钢渣表面独特的多孔结构和粗糙的表面纹理，使钢渣集料能够与沥青更紧密地黏附，更多的沥青进入了钢渣内部，由于选择性吸附表面的沥青质增加，从而使钢渣与沥青之间的界面黏聚力增大，有效稳定了沥青的流动，因此4.75～9.5mm粒径的钢渣和2.36～4.75mm粒径钢渣的掺入能有效提高微表处混合料的动稳定度。但是，0～2.36mm粒径钢渣的掺入增加了微表处混合料的油石比，同时改变了微表处混合料的蠕变特性，使得微表处混合料的动稳定度下降，高温抗车辙性能降低。

（4）针对0～2.36mm粒径钢渣降低了微表处混合料高温抗车辙性能，而2.36～9.5mm粒径钢渣有效提高了微表处混合料动稳定度的特点，在工程实例中我们可以尽量避免使用0～2.36mm粒径的钢渣细集料，在采用全钢渣微表处混合料时可以适当降低混合料的油石比。

7.2.2　低温抗裂性能试验

高寒地区沥青路面最主要的破坏形式之一就是低温开裂，因此将微表处混合料运用于高寒地区都要经受低温抗裂性能的考验。因低温或者大温差的影响，微表处混合料容易产生低温开裂，这不仅导致了微表处混合料寿命的缩短，也削弱了微表处混合料对原路面的养护作用。因此，研究不同复掺钢渣对微表处混合料的低温抗裂性能影响有着重要意义。

1）试验方法

微表处混合料是一种冷拌沥青，采用沥青混合料的临界弯曲应变能密度指标表征沥青混合料的低温抗裂性能，需要将沥青混合料制备成马歇尔试件进行试验，因此试验前需要将微表处混合料制备成马歇尔试件。制备方法为：将微表处混合料拌和后均匀摊铺在盘中，控制高度在20mm左右，放入60℃恒温箱中养生5h后取出搅拌，接着采用制备马歇尔试件的流程两面各击实75次后继续放入60℃恒温箱中保温24h后取出，室温放置12h后脱模。微表处马歇尔试件制备完成后使用切割机将其切成20mm厚的圆形试件，沿圆心对半劈开，将切割完成后的试件放入UTM仪器中 -10℃保温后设置制作间距为80mm，加载速度为0.5mm/min。

2）试验结果分析

各组微表处混合料低温弯曲试验结果如表7-6所示。

各组微表处混合料低温弯曲试验结果 表7-6

编号	临界弯曲应变能密度（kPa）	断裂能（J/m²）	韧性指数
1	6.721	489.6	228.1
2	6.468	456.8	212.4
3	6.672	467.8	201.3
4	6.213	465.3	209.8
5	5.546	412.3	188.5
6	5.831	425.8	191.2
7	5.711	422.9	191.3
8	5.389	391.4	177.1

分析表7-6可得出以下结论：

(1) 所有试件均发生低温脆性断裂。

(2) 临界弯曲应变能密度反映了微表处混合料试件的强度和变形，1~4组试件的临界弯曲应变能密度明显大于5~8组，粒径为0~2.36mm的钢渣的掺入大幅度降低了微表处混合料的临界弯曲应变能密度。由1~4组和5~6组试件的组内对比可以得出，2.36~4.75mm粒径的钢渣同样使得微表处混合料的临界弯曲应变能密度下降。钢渣粒径对微表处混合料临界弯曲应变能密度影响从大到小排列为：(0~2.36mm) > (2.36~4.75mm) ≈ (4.75~9.5mm)。

(3) 通过对比，1~4组微表处混合料的断裂能和韧性指数相较于5~6组更高，0~2.36mm粒径钢渣的掺入使得微表处混合料的断裂能和韧性指数明显下降。同时通过1~4组和5~8组的组内数据对比可以发现，2.36~9.5mm粒径的钢渣同样会导致微表处混合料的断裂能和韧性指数产生一定程度的下降。微表处混合料韧性的下降说明钢渣的掺入使微表处混合料在低温下更加坚硬，同时也会更脆，抵抗形变的能力变弱，这也就使得掺入钢渣的微表处混合料更易在低温下发生脆性断裂，从而产生裂纹。而由玄武岩集料组成的微表处混合料韧性更好,能抵抗更大的断裂能,不易产生裂纹,从而在低温环境下性能更好。

综上,钢渣的掺入不利于微表处混合料低温抗裂性能的提升,钢渣集料的掺入会不同程度的降低微表处混合料的低温抗裂性能,其中 0~2.36mm 粒径的钢渣由于掺入比例大,对微表处混合料的低温抗裂性能影响程度也较大,4.75~9.5mm 粒径的钢渣和 2.36~4.75mm 粒径的钢渣对微表处混合料的低温抗裂性能影响程度较小。由试验结果可以发现钢渣掺入微表处混合料中会导致微表处混合料低温抗裂性能降低,分析其原因是钢渣集料的掺入导致微表处混合料的刚度上升,韧性下降,在载荷的作用下更易产生裂缝,同时因为脆性的增加,微表处混合料抵抗下面层反射裂缝的能力也降低,钢渣的掺入使得微表处混合料在低温环境下对原路面的裂缝等病害的修复能力降低。因此将钢渣微表处混合料运用于高寒地区时必须通过其他方式增强微表处混合料的低温抗裂性能。例如,在微表处混合料中加入合适长度和材料的纤维可以有效提高微表处混合料的韧性,从而达到提高低温抗裂性能的目的。

7.2.3 抗剪性能试验

微表处混合料作为铺设在沥青路面上的养护层属于薄层结构,温度变换会使得层间黏结性能减弱,汽车起动、制动时的垂直载荷和水平载荷作用会使微表处混合料出现推移和整块的剥落。这种现象的出现会极大地影响行车安全与路面的使用寿命。因此为了保证微表处混合料与沥青面层之间不会发生剪切破坏,对微表处混合料结构进行抗剪性能的试验测试十分必要。

1)试验方法

研究沥青混合料的抗剪切性能采用剪切试验测定。通过试验测试沥青混合料的层间抗剪切强度来表征沥青路面不同层间的黏接强度。研究中采用成形沥青面层后在其上铺设微表处混合料,养护后进行剪切试验的方法测定抗剪强度。试验沥青面层采用 MS-3 级配。

试验步骤如下所示:

(1)将试样和 Leutner 剪切夹具在 UTM 试验机中 10℃ 条件下充分保温。

(2)设置马歇尔稳定仪的上升速度为 50mm/min,设置完毕后调整水平。

(3)将保温好的模具安置并固定。

(4)微调模具,在接触后产生轻微应力时停止,从而使得使模具顶端与稳定仪压头完全契合。

(5)在 UTM 试验机上选择马歇尔稳定度进行试验,试验结束后卸样并继续保温。

(6)重复上述操作,并记录下每组试样试验结果。

2)试验结果分析

钢渣微表处混合料层间剪切力试验结果见图 7-6。

第7章 钢渣微表处混合料性能分析

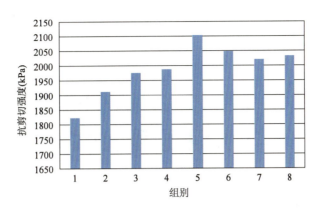

图 7-6　各组微表处混合料抗剪切强度

分析图 7-6 试验结果可知：

(1) 全玄武岩微表处混合料抗剪切强度最低，钢渣的掺入能明显提高微表处混合料的抗剪切强度。

(2) 试验中 1~4 组和 5~8 组的数据对比可以发现，粒径为 0~2.36mm 的细钢渣掺入明显增强了微表处混合料的抗剪切强度。1~4 组和 5~8 组的组内对比可以发现，3、4 组和 5、8 组的抗剪切强度相较其他组更大，这说明在 0~2.36mm 粒径集料相同的情况下，2.36~4.75mm 粒径的钢渣中集料对微表处混合料抗剪切性能的增强效果最好。不同粒径钢渣对微表处混合料抗剪切性能提升效果从大到小排列为：(0~2.36mm) > (2.36~4.75mm) > (4.75~9.5mm)。钢渣所有粒径的集料抗剪切性能都优于玄武岩。

(3) 钢渣的掺入对微表处混合料抗剪切性能有明显的提升，分析其主要原因有以下几点：首先钢渣具有相比于玄武岩更丰富的表面形貌，钢渣集料表面也更加粗糙，与下面层之间的接触点更多，因此钢渣掺入微表处混合料中铺设于下面层之上时与下面层之间具有更大的摩擦力，使得微表处混合料抗剪切破坏的能力得到提升。其次，钢渣集料的掺入使得微表处混合料最佳油石比提升，粒径为 0~2.36mm 钢渣细集料的掺入使得微表处混合料油石比提升最大，对微表处混合料抗剪切性能的提升也最明显。第三，钢渣因其表面的多孔结构与沥青吸附得更加紧密，包裹钢渣颗粒的沥青膜厚度也更厚，因此复掺钢渣微表处混合料与下面层之间的黏结力更强，增强了钢渣微表处混合料的抗剪切强度。

(4) 微表处混合料的层间抗剪切性能随着钢渣掺入量的增大而提升，钢渣掺入微表处中能有效提高微表处混合料的抗剪切性能，可有效解决实际应用中常出现的层间剥离等现象。

第8章 钢渣砂、钢渣微粉水泥砂浆与水泥混凝土性能研究

将钢渣砂、钢渣微粉应用于水泥砂浆及混凝土具有重要意义,一方面能缓解优质天然集料日益严峻的供需矛盾问题,另一方面能解决钢渣大量堆积产生的环境问题,实现变废为宝的资源化利用,减少了钢渣对土地、环境的负面影响,同时达到降本增效的目的,为实现钢渣的综合利用开辟新的途径。本章对钢渣砂、钢渣微粉水泥砂浆和水泥混凝土基础性能进行了系统研究,为钢渣的多元化应用提供指导。

8.1 钢渣砂水泥砂浆及水泥混凝土配合比设计

8.1.1 钢渣砂水泥砂浆配合比设计

将0~2.36mm的钢渣砂分别以0、25%、50%、75%、100%等体积代替河砂制备钢渣砂水泥砂浆,通过调整用水量控制其在最佳拌和状态下成形,砂浆流动度为165mm左右,然后在标准养护箱内养护1d后脱模,通过沸煮压蒸和水热养护两种机制,研究不同处理工艺的钢渣砂及钢渣砂不同掺量对钢渣砂水泥砂浆体积稳定性能的影响规律,砂浆配合比如表8-1所示。

钢渣砂水泥砂浆试验配合比   表8-1

编号	水泥(g)	钢渣砂(%)	河砂(%)	水(g) NM	水(g) GX	流动度(mm)
A1	450	0	100	240	240	165
A2	450	25	75	260	270	165
A3	450	50	50	280	290	165
A4	450	75	25	300	310	165
A5	450	100	0	315	325	165

其中,河砂100%代表其用量为1350g,钢渣砂的用量是根据其相对于河砂的密度和比例掺量等体积换算得出,因为钢渣砂密度和吸水率不同,其砂浆达到最佳流动度时的用水量也有所差别。

8.1.2 钢渣砂水泥混凝土配合比设计

试验所用减水剂为聚羧酸减水剂,状态为白色粉末状固体,减水率在35%~40%,一般掺量在胶凝材料的1.2‰~1.6‰,适用于高强及高性能混凝土,对长距离输送及泵送施工极为有利。参考规范《普通混凝土配合比设计规程》(JGJ 55—2011),设计强度等级为C40的普通混凝土配合比,经多次调试及坍落度试验,选出最优配合比如下:

水泥:矿粉:砂:石子:水:减水剂 = 286:70:791:1093:160:0.57(水胶比0.45),所用原材料如下:水泥(P.O 42.5),细集料(天然河砂、钢渣砂),石子(连续级配碎石,5~10mm占25%,10~20mm占50%,20~25mm占25%),减水剂(聚羧酸减水剂),其性能参数如表8-2所示。

聚羧酸减水剂的性能参数   表8-2

名称	减水率(%)	泌水率(%)	含气量(%)	收缩率(%)
减水剂	35~40	≤50	≤4.0	≤118

试验初期,先用天然河砂按该配合比拌和混凝土,看坍落度损失,根据拌和性能调整配合比。再将内蒙古钢渣砂以30%、70%的比例取代天然河砂按上述配合比进行拌和,测坍落度损失及其时间变化曲线,并测量力学性能和耐久性能。具体配合比调整如下:

(1)不加矿粉时,混凝土配合比按比例设计如表8-3所示。

不加矿粉时混凝土配合比设计   表8-3

编号	水泥	砂	石子	水	减水剂	水胶比	砂率(%)
1	350	726	1184	140	0.52	0.40	38
2	333	732	1195	140	0.50	0.42	38

按配合比设计3L混凝土预拌和状态为:1号水胶比为0.40时,混凝土浆体裹覆性良好,表面不出现离析渗水,短时间内不凝结硬化,保水性良好,但浆体表现较干,流动度不好,达不到一般混凝土的规范要求。2号水胶比为0.42时,混凝土浆体拌和状态良好,浆体裹覆性较好,表面不出现离析渗水,短时间以及0.5h内不凝结硬化,保水性较好,符合一般混凝土的流动度使用要求,拌和状态见图8-1。

图8-1 2号配合比初拌混凝土拌和状态

（2）加入矿粉时,可提高保水性,配合比设计如表8-4所示(试验设计时可调整的变量有水胶比、砂率及矿粉掺量）。

加入矿粉时混凝土配合比设计　　表8-4

编号	水泥	矿粉	砂	石子	水	减水剂	水胶比	砂率(%)
1	303	54	795	1098	150	0.53	0.42	42
2	288	72	781	1079	180	0.58	0.50	42
3	286	70	791	1093	160	0.57	0.45	42
4	356	0	791	1093	160	0.57	0.45	42

按配合比设计3L混凝土预拌和状态为:1号水胶比为0.42时,混凝土浆体流动度一般,裹覆性好,短时间及半小时不凝结硬化,保水性好,提高流动度又保证其他性能好的方法可以为增大水胶比、增加矿粉用量。2号水胶比为0.50时,混凝土浆体成一团稀泥状态,裹覆性不好,短时间即凝结硬化,保水性很差。3号水胶比为0.45时,混凝土浆体拌和状态较好,浆体表面稍微渗水,且0.5h甚至1h内不凝结硬化,裹覆性和保水性较好,是普通混凝土较佳的拌和状态。4号与3号对比,不加矿粉时,混凝土浆体流动度较好,裹覆性较好,短时间不凝结硬化,但表面会有渗水和气泡,5~10min开始稍微凝结硬化,保水性不好,故而矿粉对提高混凝土保水性来说是必要的,4种配合比的混凝土拌和状态见表8-5。

4种配合比的混凝土拌和状态　　表8-5

编号	混凝土拌和状态
1	流动度和保水性能一般,裹覆性好,短时间内不凝结硬化
2	成一团稀泥,裹覆性不好,短时间即凝结硬化,保水性很差
3	拌和状态较好,浆体表面稍微渗水,且半小时内不凝结硬化,裹覆性和保水性较好
4	短时间不凝结硬化,但表面会有渗水和气泡,5~10min开始稍微凝结硬化,保水性不好

8.2 钢渣微粉水泥砂浆及水泥混凝土配合比设计

8.2.1 钢渣微粉水泥砂浆配合比设计

水泥砂浆性能检测按照规范《水泥胶砂强度检验方法(ISO法)》(GB/T 17671—2021)进行,采用标准水泥三联模具(40mm×40mm×160mm)制备砂浆块,水泥为P.O 42.5普通硅酸盐水泥,砂是ISO标准砂,水泥:砂:水相对密度为1:3:0.5。成形后的砂浆块放在20℃水中养护,分别测试其3d、7d和28d龄期的抗压抗折强度。活性指数参照《用于水泥和混凝土中的钢渣粉》(GB/T 20491—2017)进行计算。钢渣微粉活性试验配比见表8-6。

钢渣微粉活性试验配比　　　　　　　　表8-6

编号	钢渣粉(g)(与微粉总掺量质量比,%)	锰铁矿渣(g)(与微粉总掺量质量比,%)	水泥(g)	胶砂比	水胶比
1	0	450	450	1:3	0.5
2	45(10)	405(90)	315	1:3	0.5
3	90(20)	360(80)	315	1:3	0.5
4	135(30)	315(70)	315	1:3	0.5
5	180(40)	270(60)	315	1:3	0.5
6	225(50)	225(50)	315	1:3	0.5

活性激发试验采用钢渣微粉和锰铁矿粉复掺的方法。试验过程保持70%的水泥用量以及钢渣微粉和锰铁矿渣微粉30%的总掺量不变,改变钢渣微粉、锰铁矿渣微粉之间的比例,制备成钢渣-矿渣-水泥复合胶凝材料,试验配比见表8-7。

钢渣粉活性激发试验配比　　　　　　　　表8-7

编号	钢渣粉(g)(与微粉总掺量质量比,%)	锰铁矿渣(g)(与微粉总掺量质量比,%)	水泥(g)	胶砂比	水胶比
1	0	0	450	1:3	0.5
2	135(0)	0	315	1:3	0.5
3	121.5(90)	13.5(10)	315	1:3	0.5
4	114.75(85)	20.25(15)	315	1:3	0.5
5	108(80)	27(20)	315	1:3	0.5
6	101.25(75)	33.75(25)	315	1:3	0.5
7	94.5(70)	40.5(30)	315	1:3	0.5

8.2.2 钢渣粉水泥混凝土配合比设计

参考规范《普通混凝土配合比设计规程》(JGJ 55—2011),设计强度等级为C30的普通混凝土配合比,经多次调试及坍落度试验,选出最优配合比如下。

水泥:砂:石子:水:减水剂=340:630:1280:150:160:3.4(水胶比0.4);

水泥为P.O 42.5,细集料为天然河砂;

石子为连续级配碎石,5~10mm占25%,10~20mm占50%,20~25mm占25%。

8.3 钢渣砂水泥砂浆及水泥混凝土性能研究

8.3.1 钢渣砂水泥砂浆性能研究

1）强度测试

（1）内蒙古钢渣砂强度测试。

将成形砂浆脱模后放入标准条件下养护,测试其 3d、7d 和 28d 的抗折抗压强度,结果如图 8-2 所示。

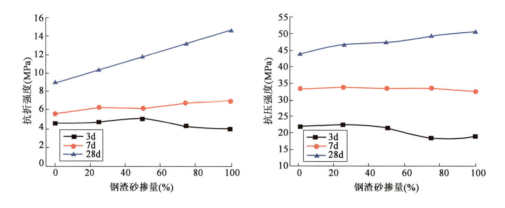

图 8-2　内蒙古钢渣砂砂浆抗折抗压强度

从试验结果可以看出,内蒙古钢渣砂在等体积代替天然河砂制备水泥砂浆时,其 3d 和 7d 抗折抗压强度效果不明显,甚至有所下降,表明钢渣砂对砂浆早期强度增加影响不大。而达到 28d 龄期时,钢渣砂砂浆的抗折抗压强度均出现一定幅度的增加,且抗折强度增加更明显,表明钢渣砂对砂浆后期强度增加效果更加明显,且流动度一定时,随着钢渣砂掺量增加,砂浆 28d 抗折抗压强度呈现递增趋势。

（2）广西钢渣砂强度测试。

广西钢渣砂砂浆 3d、7d 和 28d 抗折抗压强度,试验结果如表 8-8、图 8-3 所示。从试验结果可以看出,对于广西钢渣砂,在等体积代替天然河砂制备水泥砂浆时,其抗折强度变化不明显,呈现小幅度降低趋势,而 3d、7d 和 28d 龄期的抗压强度值随钢渣砂掺量的增加呈现出一定幅度下降趋势,表明广西钢渣砂可能由于掺入杂质或碱集料反应对砂浆强度有一定的负面影响,需要加入减水剂等外加剂使其在用水量较小的情况下达到最佳流动度,以确保砂浆强度。

钢渣砂水泥混凝土力学强度 表8-8

钢渣砂掺量(%)	抗折强度(MPa)			抗压强度(MPa)		
	3d	7d	28d	3d	7d	28d
0	4.6	5.6	9.0	21.9	33.3	43.8
25	4.2	5.8	8.6	17.9	30.4	41.0
50	3.8	5.5	8.8	16.9	28.3	37.3
75	4.0	5.7	8.3	15.3	26.1	36.6
100	3.4	5.3	7.7	12.7	22.2	31.0

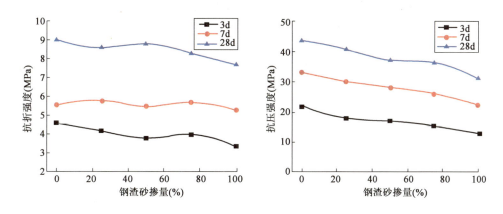

图8-3 广西钢渣砂砂浆抗折抗压强度

2）沸煮压蒸处理对砂浆体积稳定性能影响

（1）体积膨胀性。

表8-9和图8-4为钢渣砂砂浆经沸煮压蒸后的体积膨胀状态统计表和状态图。

钢渣砂砂浆压蒸后的体积膨胀开裂状态统计表 表8-9

钢渣砂掺量(%)	内蒙古钢渣	广西钢渣
0	表面完整	表面完整
25	表面完整	表面完整
50	微小裂纹	微小裂纹,侧面微小裂缝
75	裂缝较大,部分粉碎	大半部分完全粉碎
100	裂缝较大,部分粉碎	完全粉碎

由试验结果可以看出,经沸煮压蒸处理后,掺量超过50%时两种钢渣砂砂浆试块均出现了不同程度的体积膨胀开裂情况,内蒙古钢渣砂砂浆严重开裂但体积完整,而广西钢渣砂砂浆100%时完全开裂粉碎。掺量在25%时两种钢渣砂砂浆表面较完整,体积稳定性无明显问题,掺量为50%时两种钢渣砂砂浆表面均出现微小裂纹,但广西钢渣砂砂浆一端出现小的裂缝。因此考虑砂浆体积稳定性安全因素,内蒙古钢渣砂在代替河砂制备砂浆时以掺量小于50%为宜,广西钢渣砂砂浆以掺量小于25%为宜。

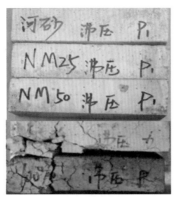 

a)内蒙古钢渣砂砂浆　　　　　　b)广西钢渣砂砂浆

图 8-4　钢渣砂砂浆经沸煮压蒸后的体积膨胀图

(2)力学性能。

对经沸煮压蒸处理后表面无明显膨胀开裂的砂浆试块进行力学性能试验,检测其压蒸前后的强度保持率,强度保持率以不低于 90% 为满足要求,砂浆压蒸前后抗压强度值如表 8-10 所示。

砂浆压蒸前后抗压强度值　　　　　　表 8-10

种类及掺量(%)		沸煮后抗压强度(MPa)	沸煮压蒸后抗压强度(MPa)	与压蒸前强度比值(%)
HS(河砂)		28.2	34.8	123
NM(内蒙古钢渣)	25	25.6	23.5	91.8
	50	23.1	20.4	88.3
GX(广西钢渣)	25	24.6	17.8	72.4
	50	22.0	11.6	52.7

由表 8-10 可看出,在压蒸前后,河砂砂浆抗压强度有所增加,而钢渣砂砂浆均出现一定程度的下降,这是因为前者几乎没有体积稳定性问题,且压蒸作为一种养护方式,使其内部孔隙结构更加致密,提高了力学性能。而后者存在 f-CaO 和 MgO 等不稳定成分,压蒸处理会导致其进一步转化为 $Ca(OH)_2$ 和 $Mg(OH)_2$,从而导致了砂浆体积膨胀,内部孔隙结构致密性降低,使其强度下降。对于内蒙古钢渣砂砂浆,掺量为 25% 时,砂浆强度能达到压蒸前的 90% 以上,表现出较好的力学性能,而掺量为 50% 时,能达到 88.3%。广西钢渣砂砂浆掺量为 25% 和 50% 时均未达到压蒸前强度的 90%,且强度保持率较低,掺量为 25% 时强度保持率为 72.4%,表明其体积稳定性问题对力学性能影响较大。因此,为确保一定掺量下钢渣砂砂浆的力学性能,在使用前需进行体积膨胀抑制处理,以减小其应用于水泥砂浆时因体积膨胀导致力学性能受影响程度,进而确保砂浆良好的综合性能。

3）水热养护处理对砂浆体积稳定性能的影响

将成形脱模后的砂浆试块用于测定85℃水热养护条件下不同龄期的膨胀率,每天用比长仪定时测量试块的长度变化,通过观察两种不同处理工艺的钢渣砂砂浆及内蒙古钢渣砂,以不同掺量代替河砂时所制备砂浆的膨胀率随水浴龄期增加的变化曲线,见图8-5、图8-6。

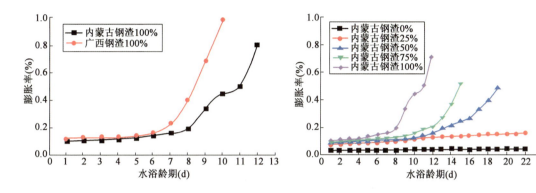

图8-5　不同处理工艺钢渣砂砂浆不同水浴龄期的膨胀率　　图8-6　不同掺量钢渣砂砂浆不同水浴龄期的膨胀率

图8-5为不同处理工艺的钢渣砂砂浆试样在85℃水热条件下不同水浴龄期的膨胀率,反映出同一龄期时砂浆试样的膨胀率:广西钢渣＞内蒙古钢渣,随水浴龄期增加,膨胀率都是先小幅度增加,达到一定程度时迅速增大至断裂,断裂龄期分别为10d和12d。图8-6为内蒙古钢渣砂以不同掺量代替天然砂时在85℃水热条件下砂浆的膨胀率变化曲线,反映出同一龄期时钢渣砂掺量越大,砂浆膨胀率越大,天然砂砂浆呈现平稳缓慢增加的趋势,掺量为25%的钢渣砂砂浆未出现开裂现象,膨胀率随水浴龄期呈缓慢增加趋势,当掺量大于50%时钢渣砂砂浆膨胀率呈现先缓慢增大后快速增大至开裂的趋势,且掺量越大出现开裂的龄期越早,掺量为50%、75%和100%时出现开裂的龄期分别为19d、15d和12d。这是因为水热处理前期砂浆试块比较完整,膨胀主要是砂浆表面f-CaO和MgO的缓慢水化引起的微小体积变化,当达到一定龄期时,砂浆表面出现轻微开裂,砂浆内部也开始接触温度较高的水浴,f-CaO和MgO的水化进一步加速,会产生更大面积的热膨胀和应力开裂,所以后期膨胀率会加速增长至砂浆开裂。

4）预拌砂浆和易性能

和易性能对砂浆实际施工至关重要,包括流动性和保水性。通过将原料钢渣经破碎筛分烘干后得到钢渣砂细集料,然后等体积代替天然河砂制备普通预拌水泥砂浆,研究钢渣砂种类、水灰比、钢渣砂粒径范围等因素对钢渣砂砂浆和易性能的影响。由于钢渣砂的密度与天然河砂差别较大,故采用等体积替代方法。在研究各种因素对砂浆和易性能的影响时,以钢渣砂掺量为30%为例,探究不同影响因素下砂浆流动度和保水性的变化规律。砂浆的配合比设计见表8-11。

砂浆的配合比设计　　　　　　　　表8-11

试件编号	水泥(g)	钢渣砂(%)	天然河砂(%)	用水量(g)
A$_1$	450	30	70	225
A$_2$	450	30	70	225
B$_1$	450	30	70	225
B$_2$	450	30	70	247.5
B$_3$	450	30	70	270
C$_1$	450	30	70	225
C$_2$	450	30	70	225
C$_3$	450	30	70	225
C$_4$	450	30	70	225

试验采用两种不同来源的钢渣砂,表8-11中A$_1$、A$_2$分别代表广西钢渣(GX)和内蒙古钢渣(NM)按相同配合比制备普通预拌砂浆,研究不同种类钢渣砂对其砂浆和易性能的影响规律,试验结果见图8-7。

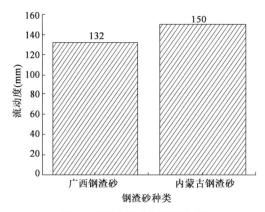

图8-7　两种钢渣砂的流动度对比

由图8-7结果可看出,相同配合比下广西钢渣砂的流动性要比内蒙古的差很多,说明不同种类钢渣砂在代替天然河砂制备预拌砂浆时,对砂浆和易性能影响很大。造成这种差异的原因主要是,不同种类钢渣砂由于处理工艺不同,其外观形貌、内部孔隙和化学成分等各方面也有一定差异。

图8-8为两种钢渣砂外观图,从外观来看,内蒙古钢渣砂呈现灰褐色扁平状,而广西钢渣砂呈现土黄色颗粒状,这可能是后者在钢渣热泼处理过程中掺入了脱硫灰杂质,导致广西钢渣砂砂浆流动性较差。从密度和形貌看,内蒙古钢渣砂密度较大、棱角丰富、空隙率较小,吸水率和黏附性较小,其砂浆需水量较低,流动性较好。而广西钢渣砂密度较小、内部孔隙较多,并且颗粒表面含有较多细粉,吸水率较大,导致其砂浆需水量增加,流动性大大降低。

a) 广西钢渣砂　　　　　　　b) 内蒙古钢渣砂

图 8-8　两种钢渣砂的外观颜色对比

分别取 0.075~2.36mm 广西钢渣砂和内蒙古钢渣砂代替 30% 天然河砂,通过设置三组不同的水灰比,研究水灰比对钢渣砂普通预拌水泥砂浆的和易性影响,表 8-11 中 B1~B3 分别代表两种钢渣砂在水灰比为 0.50、0.55、0.60 时制备预拌砂浆,试验结果和试样表面分别见图 8-9 和图 8-10。

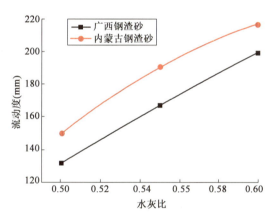

图 8-9　水灰比对钢渣砂的流动度影响　　　图 8-10　水灰比 0.60 的内蒙古钢渣砂砂浆表面

由图 8-9 可知,随着水灰比增大,即砂浆用水量增加,两种钢渣砂代替 30% 天然河砂时制备的预拌砂浆流动度均几乎呈现出线性增大的趋势,说明水灰比是影响砂浆流动度的主要因素。但另一方面,由图 8-10 可以看出,水灰比过大时,水和浆体的裹覆状态较差,砂浆表面会出现气泡和泌水现象,导致其保水性能变得较差,所以在实际施工时要控制砂浆用水量,保证其具有良好和易性另外随着用水量增加,可能会导致砂浆力学性能有所降低。

分别以两种钢渣砂掺量为 30%、水灰比为 0.55 为基础试验,通过对钢渣砂进一步筛分为 0.075~2.36mm、0.15~2.36mm、0.3~2.36mm、0.6~2.36mm 四种粒径范围,研究在同一掺量相同水灰比条件下不同粒径范围的钢渣砂对砂浆流动性的影响,表 8-11 中 C1~C4 分别为 4 种不同粒径范围的钢渣砂制备预拌砂浆,试验结果见图 8-11。

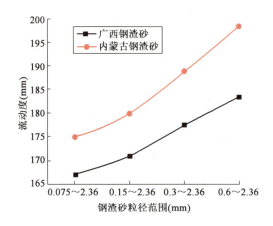

图 8-11　钢渣砂不同粒径范围对砂浆流动度的影响规律

由图 8-11 可知,钢渣砂掺量为 30% 时,在相同水灰比条件下,随着钢渣砂颗粒最小粒径的增大,两种钢渣砂砂浆的流动度均呈现出不断增加的趋势,并且在实际施工时 0.6~2.36mm 的钢渣砂在较低的水灰比下更能满足砂浆良好和易性的要求。这是因为随着钢渣砂颗粒最小粒径的增大,钢渣砂砂浆中较细的颗粒部分明显减少,钢渣砂的粉化率降低,吸水率减小,砂浆拌和时需水量降低,进而砂浆流动度有所增加。

5)砂浆表面形貌

将钢渣砂按照上述配合比以不同掺量等体积替代天然河砂制备水泥砂浆,在温度为(20±3)℃、湿度为 90% 的标准条件下养护 28d。选择掺量分别为 25% 和 75% 的两组内蒙古钢渣砂砂浆为样品,取出后用切割机将砂浆试块切成厚度为 2mm 的薄片样品,在一定压力下抽真空处理,通过场发射扫描电镜观察分析两种不同掺量的钢渣砂砂浆界面形貌特征差异。掺量为 25% 和 75% 的内蒙古钢渣砂砂浆界面微观形貌分别见图 8-12 和图 8-13。

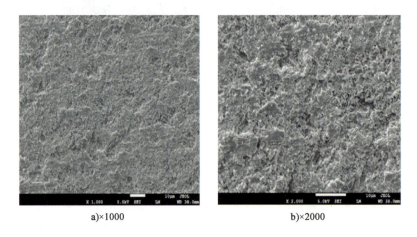

a)×1000　　　　　　　　　　b)×2000

图 8-12　掺量为 25% 内蒙古钢渣砂砂浆微观形貌(左图×1000;右图×2000)

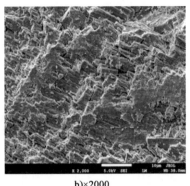

a)×1000　　　　　　　　　　　b)×2000

图 8-13　掺量为 75% 内蒙古钢渣砂砂浆微观形貌（左图 ×1000；右图 ×2000）

由图 8-12 可以看出，掺量为 25% 的钢渣砂砂浆界面在放大倍数为 1000 时，表面较为平整规则和均匀，随放大倍数增大，界面可观察到凹凸不平的囊状孔隙结构。由图 8-13 可知，钢渣砂掺量为 75% 时，其砂浆界面呈现出明显的棱角性特征，且随放大倍数增大，这种棱角性特征更加明显。这是由于内蒙古钢渣砂多为不规则的扁平状颗粒，棱角性丰富，掺量为 25% 时，钢渣砂砂浆中天然河砂占大多数，所呈现的棱角性特征不太明显；而掺量达到 75% 时，钢渣砂比重占大多数，其砂浆界面呈现出的棱角性特征也较为明显。此外，钢渣砂具有一定的潜在胶凝活性，随养护时间增加，钢渣砂水化更充分，水化反应生成的 $Ca(OH)_2$ 越多，$Ca(OH)_2$ 和空气中 CO_2 反应生成的 $CaCO_3$ 矿物组分也越多，$CaCO_3$ 多表现出丰富的棱角性特征，所以在钢渣砂掺量为 75% 时的钢渣砂砂浆界面棱角性特征要比掺量为 25% 的钢渣砂砂浆明显很多。

8.3.2　钢渣砂水泥混凝土性能研究

1) 混凝土性能测试

纯天然河砂和钢渣砂掺量分别为 30%、70% 时按下表配合比设计混凝土，测试各项性能，配合比如表 8-12 所示。

不加矿粉时的优选混凝土配合比　　　　　表 8-12

水泥	砂	石子	水	减水剂	水胶比	砂率(%)
333	732	1195	140	0.50	0.42	38

用纯天然河砂按照该设计配合比制备混凝土时，测试坍落度，试验状态结果见图 8-14。

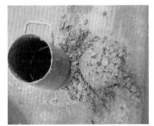

图 8-14

图 8-14 纯天然河砂制备混凝土的试验结果

试验结果表明,用该配合比做纯天然河砂混凝土时,混凝土浆体稍微渗水,初拌和流动性良好,虽然短时间内凝结表现不明显,但由于保水性较差,5-10min 后会稍微凝结硬化,导致在坍落度实试验中浆体较硬,黏结状态不好,坍落状态从腰部倒塌,此时测得初始坍落度为 85mm。

纯天然河砂和钢渣砂掺量分别以 30%、70% 进行混凝土配合比设计,同时加一定量矿粉,配合比如表 8-13 所示,测试混凝土性能。

加矿粉时的优选混凝土配合比　　　　表 8-13

水泥	矿粉	砂	石子	水	减水剂	水胶比	砂率(%)
286	70	791	1093	160	0.57	0.45	42

试验结果表明,加入矿粉和粉煤灰等提高混凝土保水性的物质,能提高混凝土的工作性能。在钢渣砂掺入 30% 或者其他比例时,其和易性不能确定。

将钢渣砂选用表 8-13 配合比分别以 0、10%、20%、30%、40% 等体积代替天然河砂制备钢渣砂水泥混凝土,混凝土力学强度试验过程见图 8-15,测试结果见表 8-14。

图 8-15 混凝土试块抗压强度试验

加矿粉时混凝土力学强度指标　　　　　表8-14

钢渣砂掺量(%)	坍落度(mm)		抗压强度(MPa)		抗折强度(MPa)
	初始	1h后	7d	28d	28d
0	108	60	43.6	52.8	6.5
10	90	42	44.0	53.2	6.8
20	100	45	45.7	55.3	7.3
30	82	40	46.2	56.6	7.8
40	50	32	45.8	56.0	7.6

分析表8-14可知,随钢渣砂掺量增加,混凝土初始坍落度和1h坍落度总体呈下降趋势,纯天然河砂混凝土的初始和1h坍落度均符合设计标准,在掺量为20%时,坍落度出现一个较好的峰值,纯河砂的样品试块7d和28d强度均达到40MPa以上,满足试验设计强度等级为C40的水泥混凝土要求,随钢渣砂掺量增加,强度整体呈增加趋势,强度最佳时钢渣砂掺量在30%左右,由此可知,内蒙古钢渣砂在代替河砂制备混凝土时,掺量以20%~30%为宜。

2)醋酸弱酸化处理对钢渣砂混凝土性能的影响

将经醋酸弱酸化处理后的热闷钢渣砂,按照上述最优配合比以不同掺量等体积代替天然河砂制备混凝土,研究不同掺量和处理方法对钢渣砂混凝土基本性能的影响规律。混凝土的坍落度和力学强度测试结果见图8-16、图8-17。

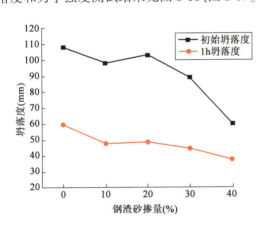
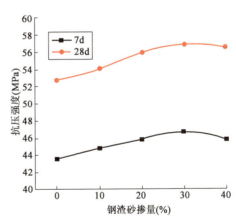

图8-16　钢渣砂混凝土坍落度随掺量的变化规律　　图8-17　钢渣砂混凝土抗压强度随掺量的变化规律

分析图8-16、图8-17可知,随钢渣砂掺量增加,混凝土初始坍落度和1h坍落度总体呈下降趋势,掺量为20%时,坍落度出现一个较高的峰值,与处理前相比,掺量为20%时混凝土的初始坍落度和1h坍落度分别增加3.0%和8.9%。随钢渣砂掺量增加,混凝土的抗压强度整体呈递增趋势,掺量为30%时出现一个较高的峰值,与处理前相比,掺量为30%时7d和28d的抗压强度分别增加1.1%和0.5%。由此可知,热闷钢渣砂在代替河砂制备混凝土时,掺量仍以20%~30%为宜,但其对于力学强度的增加效果不如在砂浆中明显。

8.4 钢渣微粉水泥砂浆及水泥混凝土性能研究

8.4.1 钢渣微粉水泥砂浆性能研究

1)钢渣粉活性指数测试结果

高活性指数矿渣微粉应用到水泥可等量代替大量熟料,应用到混凝土可等量代替大量水泥,并且能够提高混凝土的综合性能,达到降低生产成本节能减排的目的。因此,在试验室内参照标准《用于水泥、砂浆和混凝土中的粒化高炉矿渣粉》(GB/T 18046—2017)中附录A测定了试验用钢渣微粉的活性指数,对照组为纯水泥,受检组钢渣粉掺量为30%,结果如表8-15~表8-18所示。

钢渣微粉7d抗折活性指数 表8-15

组别	编号	荷载(N)	强度(MPa)	均值(MPa)	活性指数(%)
受检组	1	2522.4	5.9	5.70	69.5
	2	2385.7	5.6		
	3	2363.8	5.5		
对照组	1	3652.3	8.6	8.20	
	2	3440.2	8.1		
	3	3425.7	8.0		

钢渣微粉7d抗压活性指数 表8-16

组别	编号	荷载(kN)	强度(MPa)	均值(MPa)	活性指数(%)
受检组	1	51.6	32.3	30.90	64.0
	2	50.0	31.3		
	3	45.4	28.4		
	4	49.3	30.8		
	5	50.6	31.7		
	6	49.4	30.9		
对照组	1	77.3	48.3	48.26	
	2	74.9	46.8		
	3	79.4	49.6		
	4	77.0	48.1		
	5	77.7	48.5		
	6	51.7	32.3		

钢渣微粉 28d 抗折活性指数 表 8-17

组别	编号	荷载(N)	强度(MPa)	均值(MPa)	活性指数(%)
受检组	1	3294.3	7.7	7.60	85.4
	2	3149.6	7.4		
	3	3280.4	7.7		
对照组	1	4023.4	9.4	8.90	
	2	3665.1	8.6		
	3	3654.8	8.6		

钢渣微粉 28d 抗压活性指数 表 8-18

组别	编号	荷载(kN)	强度(MPa)	均值(MPa)	活性指数(%)
受检组	1	70.6	44.1	46.10	78.4
	2	74.7	46.7		
	3	71.4	44.6		
	4	74.6	46.6		
	5	76.1	47.6		
	6	74.9	46.8		
对照组	1	99.2	62.0	58.80	
	2	90.1	56.3		
	3	88.5	55.3		
	4	103.1	64.4		
	5	90.6	56.6		
	6	92.9	58.1		

根据《用于水泥和混凝土中的钢渣粉》(GB/T 20491—2017)的技术要求,一级钢渣粉活性指数 7d 不小于 65%、28d 不小于 80%,二级钢渣粉活性指数 7d 不小于 55%、28d 不小于 65%。由试验数据可知,由钢渣粉和水泥按质量比 3:7 混合制备的受检胶砂在 7d 和 28d 抗压活性指数分别为 64.0% 和 78.4%,达到了二级钢渣粉的要求,抗折活性指数在 7d 和 28d 分别达到了 69.5% 和 85.4%,达到了一级钢渣粉的使用要求,钢渣微粉代替部分水泥制备而成的水泥胶砂在抗折强度上表现更加突出,道路工程上具有很大的应用前景。

2)复掺钢渣粉和锰铁矿渣的活性指数测试结果

本次试验采用的水泥是 P.O 42.5 水泥。测试结果如表 8-19 和表 8-20 所示,纯水泥样品抗压强度在 28d 可以达到 49.075MPa,满足 P.O 42.5 水泥强度要求,随着钢渣微粉的掺入,试件强度均下降,说明钢渣微粉的水化活性小于纯水泥样品,钢渣微粉的掺入降低了水泥的 28d 抗压强度。可以得到结论:钢渣微粉前期强度增长速度相对较快,中期强度增长速度有所降低,7~28d抗压强度增长速度远小于纯水泥样品。

钢渣微粉活性指数测试结果　　　　表8-19

编号	钢渣微粉掺量(%)	流动度(mm)	3d(MPa)		7d(MPa)		28d(MPa)	
			抗折	抗压	抗折	抗压	抗折	抗压
1	0	179.0	6.30	22.875	7.55	36.100	7.85	49.075
2	10	182.0	5.35	17.325	6.05	29.025	7.80	44.475
3	20	179.0	4.10	15.975	5.65	25.675	7.25	41.525
4	30	187.0	3.90	11.850	5.05	20.675	6.35	36.725
5	40	185.0	3.05	8.100	4.55	15.975	5.50	29.300
6	50	191.0	1.80	4.800	3.40	11.500	4.75	22.700

钢渣微粉活性指数占比　　　　表8-20

编号	钢渣微粉掺量(%)	流动度比(%)	抗压活性指数(%)			抗折活性指数(%)		
			3d	7d	28d	3d	7d	28d
1	0	100.0	100.0	100.0	100.0	100.0	100.0	100.0
2	10	101.6	75.7	80.4	90.6	84.9	80.1	99.4
3	20	100.0	69.8	71.1	84.6	65.1	74.8	92.4
4	30	104.5	51.8	57.3	74.8	61.9	66.9	80.9
5	40	103.4	35.4	44.3	59.7	48.4	60.3	70.1
6	50	106.7	21.0	31.9	46.3	28.6	45.0	60.5

分析表8-20、8-21可知,5种不同掺量(0掺量不计入)的钢渣微粉流动度比均大于100%,说明钢渣微粉可增加水泥的流动性。随着钢渣微粉的掺入,流动度比总体呈现增大的趋势,当钢渣微粉掺量为50%时,流动度比达到最佳为106.7%;当钢渣微粉掺量为20%时流动度比最低为100.0%。5种掺量流动度均满足《用于水泥和混凝土中的钢渣粉》(GB/T 20491—2017)中一级钢渣粉的技术要求。5种不同掺量的钢渣微粉抗压强度活性指数均为3d<7d<28d。随着钢渣微粉掺量增大,2~5号试样3d、7d、18d抗压强度活性指数呈增大趋势,可以看出3d抗压强度活性均较低,但是根据《用于水泥和混凝土中的钢渣粉》(GB/T 20491—2017)的技术要求,一级钢渣粉活性指数7d不小于65%、28d不小于80%;二级钢渣粉活性指数7d不小于55%、28d不小于65%。3号试样的7d、28d活性指数均满足规范中二级钢渣粉的技术要求,其中2、3号样可以达到一级钢渣粉的技术要求。5种不同掺量的钢渣微粉抗折强度活性指数除2号样品外均为3d<7d<28d。随着钢渣微粉的掺量增大,试样的抗折活性指数呈增大的趋势,因为钢渣微粉早期强度不高;7d、28d抗折活性指数呈现平稳增大的趋势,其中2号掺入10%的钢渣微粉28d抗折活性指数最大。从抗折强度活性指数分析,少量钢渣微粉的掺入有利于试样抗折强度的增长。

3)钢渣粉活性激发试验

活性激发试验采用钢渣微粉和锰铁矿粉复掺的方法。试验过程保持70%的水泥用量及钢渣微粉和锰铁矿渣微粉30%的总掺量不变,改变钢渣微粉、锰铁矿渣微粉之间的比例,制备成钢渣-矿渣-水泥复合胶凝材料,试验配比及试验结果分别见表8-21~表8-23。

钢渣粉活性激发试验配合比   表8-21

编号	钢渣粉(g)(与微粉总掺量质量比,%)	锰铁矿渣(g)(与微粉总掺量质量比,%)	水泥(g)	胶砂比	水胶比
1	0	0	450	1:3	0.5
2	135/30	0	315	1:3	0.5
3	121.5/90	13.5/10	315	1:3	0.5
4	114.75/85	20.25/15	315	1:3	0.5
5	108/80	27/20	315	1:3	0.5
6	101.25/75	33.75/25	315	1:3	0.5
7	94.5/70	40.5/30	315	1:3	0.5

钢渣粉活性激发试验结果   表8-22

编号	流动度(mm)	3d(MPa)		7d(MPa)		28d(MPa)	
		抗折	抗压	抗折	抗压	抗折	抗压
1	184.0	6.10	22.875	6.80	35.275	7.65	49.650
2	190.5	4.00	14.700	5.30	22.750	7.20	34.550
3	196.0	4.70	14.500	5.40	22.550	6.85	35.950
4	195.5	4.60	14.800	5.40	22.975	7.55	36.375
5	192.0	4.00	14.975	5.30	23.400	7.35	38.200
6	194.0	4.25	15.250	5.45	23.775	8.10	39.850
7	193.5	4.10	14.625	5.60	23.525	7.25	37.650

钢渣粉活性占比   表8-23

编号	流动度比(%)	抗压活性指数(%)			抗折活性指数(%)		
		3d	7d	28d	3d	7d	28d
1	100.0	100.0	100.0	100.0	100.0	100.0	100.0
2	103.5	64.3	64.5	69.6	65.6	77.9	94.1
3	106.5	63.4	63.9	72.4	77.1	79.4	89.5
4	106.3	64.7	65.1	73.3	75.4	79.4	98.7
5	104.3	65.5	66.3	76.9	65.6	77.9	96.1
6	105.4	66.7	67.4	80.3	69.7	80.1	105.9
7	105.2	63.9	66.7	75.8	67.2	82.4	94.8

本次试验采用的水泥是P.O 42.5水泥。纯水泥样前期抗压强度增长快,在28d可以达到49.65MPa,满足P.O 42.5水泥强度要求。随着钢渣微粉和锰铁矿渣微粉的掺入,试件强度均下降,说明钢渣微粉和锰铁矿渣微粉的水化活性小于纯水泥样品,复合微粉的掺入降低了水泥的28d抗压强度。当钢渣微粉:锰铁矿渣微粉=75:25时,28d抗压强度最大,达到39.85MPa;

同时 28d 抗折强度最大,达到 8.10MPa,超过纯水泥的抗折强度,纯水泥样品的 3d 抗压强度与掺入 30% 钢渣微粉试样 3d 抗压强度相差 8.175MPa,纯水泥样品的 7d 抗压强度与掺入 30% 钢渣微粉的试块 7d 抗压强度相差 12.525MPa,纯水泥样品的 28d 抗压强度与掺入 30% 钢渣微粉的试块 28d 抗压强度相差 15.1MPa,可以得到钢渣微粉前期强度增长速度相对较快,中期强度增长速度有所降低,7~28d 抗压强度增长速度远小于纯水泥样品。在 30% 的钢渣微粉中掺入锰铁矿渣微粉后,对复合微粉的抗压强度起到了提高的作用,3d 抗压强度 3~7 号样品提高得不太明显,3、7 号两组出现了抗压强度倒缩,6 号增长 0.55MPa,说明锰铁矿渣微粉早期强度与钢渣微粉接近,7d 抗压强度 3~7 号样同样提高得不太明显,3 号出现倒缩,6 号增长 1.025MPa,强度与钢渣微粉接近,28d 抗压强度 3~7 号样提高 1.4~4.3MPa,说明锰铁矿渣微粉后期强度较钢渣微粉高。

6 种不同掺量的钢渣微粉流动度比均大于 100%,说明钢渣微粉和锰铁矿渣微粉均可增加水泥的流动性。随着钢渣微粉和锰铁矿渣微粉的掺入,流动度比呈现先增大后减小然后趋于平缓的趋势,当钢渣微粉和锰铁矿渣微粉的比例为 85:15 时,流动度比达到最佳为 106.5%;当钢渣微粉掺量为 30% 时流动度比最低为 103.5%,因此锰铁矿渣微粉对流动度的增强效果较钢渣微粉更为突出。

6 种不同掺量的钢渣微粉抗压强度活性指数排序均为 3d<7d<28d。随着锰铁矿渣微粉掺量增大,3~6 号试样 3d、7d、18d 抗压强度活性指数呈现平稳增大趋势,7 号 3d、7d、28d 抗压强度活性指数略微下降,根据《用于水泥和混凝土中的钢渣粉》(GB/T 20491—2017)的技术要求,一级钢渣粉活性指数 7d 不小于 65%、28d 不小于 80%,二级钢渣粉活性指数 7d 不小于 55%、28d 不小于 65%。2~7 共 6 个试样的 7d、28d 活性指数均满足规范中二级钢渣粉的技术要求,其中 6 号掺入 25% 锰铁矿渣微粉时,7d 活性 67.4%、28d 活性 80.3%,达到一级钢渣粉的技术要求。

6 种不同掺量的钢渣微粉抗折强度活性指数排序均为 3d<7d<28d。随着锰铁矿渣微粉的掺量增大,试样的 3d 抗折活性指数呈现先增大再减小最后趋于平缓的趋势,因为复合粉早期强度不高,7d、28d 抗折活性指数呈现平稳增大的趋势,其中 6 号掺入 25% 的锰铁矿渣微粉 28d 抗折活性指数最大。从抗折强度活性指数分析,锰铁矿渣微粉的掺入有利于试样抗折强度的增长。折压比反映了水泥的韧性,可以发现掺入钢渣微粉和锰铁矿渣微粉的试样 3d、7d、28d 折压比大于纯水泥样品,2~7 号样品都表现出良好的韧性。

4) 钢渣粉水泥砂浆的抗盐冻性能

将内蒙古钢渣微粉与 P.O 42.5 水泥以 10:90 的比例混合成胶凝材料,并掺入 3%(以胶凝材料质量为基准)的自愈合微胶囊,进行标准砂浆试验,用 70mm×70mm×70mm 模具成形。在标准条件(温度 20.5℃、湿度 95%)下养护 28d。将样品取出,放入冻融箱中,设定每天 4 次冻融循环,并设定每 50 次冻融循环停止。每次停止后,检查样品的完好,若有冻融损坏,则将损坏的样品取出,其余继续试验,直到所有的样品被破坏为止。采用标准砂浆试验,70mm×70mm×70mm 的模具成形、脱模,标准条件养护 28d。图 8-18 是成形脱模之后的试块。将上述成形后的试块放入冻融循环箱中进行冻融循环试验,频率 4 次/d,25 次后停下检查样品表面状态,测质量计算质量损失,测试结果如表 8-24 和表 8-25 所示。

图 8-18 成形后的样品

冻融循环质量变化 表 8-24

样品类型	原始质量 m_0(g)	冻融循环 25 次后质量 m_1(g)	冻融循环 50 次后质量 m_2(g)
钢渣粉	793.2	753.8	697.3
钢渣粉 + 钢渣砂	798.6	739.1	657.0

冻融循环质量损失率 表 8-25

样品类型	冻融循环 25 次后质量损失率(%)	冻融循环 50 次后质量损失率(%)
钢渣粉	4.97	12.09
钢渣粉 + 钢渣砂	7.45	17.73

试验结果表明钢渣粉掺入水泥中,水泥混凝土的抗盐冻性能良好,其 25 次冻融循环质量损失率仅为 4.97%。钢渣砂的掺入会降低水泥混凝土的抗盐冻性能,其 25 次融循环质量损失率超过了 5%。

5) 钢渣粉水泥砂浆的自愈合性能测试

将内蒙古钢渣微粉与 P·O 42.5 水泥以 10∶90 的比例混合成胶凝材料,并掺入 3%(以胶凝材料质量为基准)的自愈合微胶囊。使用 ISO 标准砂进行标准砂浆试验,用 70mm × 70mm × 70mm 模具成形。在标准条件(温度 20.5℃、湿度 95%)下养护 28d。取 3 个样品测原始强度 f_{C0}。将一根铁丝放置在砂浆块底部,用极小的压力压砂浆块,使其产生微裂纹,用游标卡尺测量微裂纹尺寸并拍照记录,记为 P_0、L_0。

再将样品放回标准条件继续养护,分别测 1d、7d、28d 的微裂纹愈合率和抗压强度恢复率。

1d 后对微裂纹拍照,测量 P_1、L_1。测残留抗压强度 f_{C1}。

7d 后对微裂纹拍照,测量 P_7、L_7。测残留抗压强度 f_{C7}。

28 天后对微裂纹拍照,测量 P_{28}、L_{28}。测残留抗压强度 f_{C28}。

与前面抗盐冻试验采用的模具相同,均为 70mm×70mm×70mm 的模具,其对应的标准砂浆块 28d 强度:$f_{C28}=29.0$MPa。其内部形貌见图 8-19,白色部分为水化的自愈合胶囊。

在砂浆下部放置一根铁丝(所用钢丝 $d=1.8$mm),使应力集中产生微裂纹,使用极小的压力(11kN 左右)按压,见图 8-20。产生微裂纹之后的样品见图 8-21。

图 8-19　样品内部形貌　　　　　　　　图 8-20　产生微裂纹方法

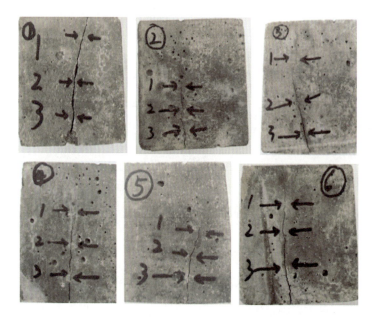

图 8-21　产生微裂纹的样品

1d、7d、28d 的恢复养护之后,观察微裂纹变化并测量其尺寸变化,测试块的残留抗压强度。结果见图 8-22。

表 8-26、表 8-27 为强度与微裂纹关系测试结果,分析可知,微裂纹形状狭长,边部宽度大,故测试三个点的宽度综合反映微裂纹宽度的变化。恢复养护 1d,微裂纹尺寸基本没有变化,残留抗压强度很低,仅为 34.0%。恢复养护 7d,微裂纹宽度减小了 37.5%,残留抗压强度与 28d 强度接近,抗压强度恢复率达到了 95.9%。恢复养护 28d 后,微裂纹宽度减小了 50.4%,

残留抗压强度超过了28d强度,抗压强度恢复率达到了104.7%。该自愈合胶囊可以有效促进水泥砂浆微裂纹的自愈合,恢复养护7d愈合效果显著。钢渣粉的后期水化潜力大,恢复养护后会继续水化产生C-S-H凝胶填充微裂纹,促进水泥砂浆的愈合。

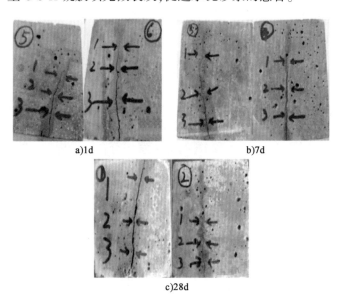

图8-22 恢复养护1d、7d和28d的样品

残留抗压强度与微裂纹宽度变化 表8-26

恢复养护龄期(d)	试样编号	残留抗压强度(MPa)	1处微裂纹宽度变化(mm)	2处微裂纹宽度变化(mm)	3处微裂纹宽度变化(mm)
1	5	11.8	0.200.20	0.400.40	0.500.50
	6	7.9	0.100.10	0.300.30	0.400.40
7	3	27.6	0.060.04	0.100.06	0.300.18
	4	28.0	0.080.08	0.500.28	0.700.44
28	1	28.1	0.800.30	1.000.50	1.400.94
	2	32.6	0.300.04	0.500.22	0.580.36

强度恢复率和微裂纹愈合率随龄期的变化 表8-27

恢复养护龄期(d)	平均抗压强度恢复率(%)	平均微裂纹愈合率(%)
1	34.0	0
7	95.9	37.5
28	104.7	50.4

8.4.2 钢渣微粉水泥混凝土性能研究

1) 钢渣粉水泥混凝土强度测试

不同掺量钢渣微粉水泥混凝土的抗压强度和抗折强度见表8-28。

不同掺量钢渣微粉水泥混凝土强度性能参数　　　　　　　表8-28

掺量(%)	坍落度(mm)		抗压强度(MPa)		抗折强度(MPa)
	初始	1h后	7d	28d	28d
0	110	50	46.85	56.65	6.3
10	95	35	35.62	46.60	5.8
20	120	45	34.48	44.10	5.2
30	65	35	29.60	42.10	4.7
40	35	20	24.10	36.05	4.0

分析表8-28可知,随着钢渣微粉掺量的增加,水泥混凝土的初始坍落度呈先增大再减小的趋势,总体来说,纯水泥混凝土初始和1h的坍落度均符合设计标准。掺入钢渣微粉后,坍落度总体减小,说明钢渣微粉对水泥混凝土工作性能有副作用。随着钢渣微粉的掺入,整体强度下降,当掺入40%钢渣微粉时候,强度性能依然满足设计要求。

2) 钢渣水泥混凝土的自愈合性能

根据《普通混凝土长期性能和耐久性能试验方法标准》(GB/T 50082—2009)的试件制作和养护方法制备掺加微胶囊的自修复混凝土。具体制备过程为:将称量好的碎石、水泥和砂加入搅拌机搅拌30s。然后向搅拌机中加入水、聚羧酸减水剂和微胶囊,总加料时间不超过2min,随后连续搅拌3min。搅拌结束后,将混凝土分别倒入尺寸为100mm×100mm×100mm和ϕ100mm×200mm的模具中。混凝土成形后立即在表面覆盖防水薄膜并移入标准养护室(20℃±2℃,95%相对湿度)24h后拆模,养护至规定龄期取出测试。试验配合比如表8-29所示。

掺加甲苯二异氰酸酯微胶囊自修复混凝土配合比(kg/m³)　　　　表8-29

型号	水泥	钢渣粉	钢渣砂	钢渣	粉煤灰	水	减水剂	微胶囊
CON0	252	28	850	1080	60	160	5.5	0
CON1	252	28	850	1080	60	160	5.5	8.4(MC1[①])
CON2	252	28	850	1080	60	160	5.5	8.4(MC2[②])
CON3	252	28	850	1080	60	160	5.5	8.4(MC3[③])

注:①MC1——石蜡包覆TDI微胶囊;
　　②MC2——石蜡/聚乙烯蜡复合壁材包覆TDI微胶囊;
　　③MC3——纳米二氧化硅/石蜡/聚乙烯蜡复合壁材包覆TDI微胶囊。

钢渣水泥混凝土冻融损伤自修复测试与表征按如下4种方式进行。

(1) 孔径分布冻融损伤自修复。

当冻融循环试验结束后,将掺加微胶囊的混凝土试块取出放置在试验室中(20℃,湿度50%)进行7d自修复,测试其孔径分布。由第5章试验结果可知掺加微胶囊的水泥基材料可以完成在7d内损伤自修复,所以本章试验中自修复时间均设置为7d。

(2) 微观结构测试。

采用场发射扫描电子显微镜(SEM)对冻融损伤自修复后的对比试样和掺加微胶囊混凝土试样进行微观结构测试。样品首先用无水乙醇浸泡,测试前进行烘干处理。

(3) 冻融损伤自修复力学性能测试。

当冻融循环 100 次后,将掺加微胶囊的混凝土试块取出放置在试验室中进行 7d 自修复后测试其抗压强度。本试验每组混凝土取 3 个试样,测试结果取平均值。掺加微胶囊混凝土抗压强度保留率可用式(8-1)计算。

$$\eta_{\mathrm{ft}} = \frac{f_{\mathrm{cni}}}{f_{\mathrm{c0}}} \times 100\% \tag{8-1}$$

式中:η_{ft}——混凝土试块抗压强度保留率,%;

f_{c0}——混凝土试块的初始抗压强度,MPa;

f_{cni}——n 次冻融损伤混凝土试块自修复 7d 后的抗压强度,MPa。

(4) 冻融损伤自修复抗渗性能测试。

按照上述方法测试标准养护 28d 后混凝土的氯离子扩散系数。取出冻融循环 100 次的混凝土试块,在试验室中放置 7d 进行自修复。然后,重新测试自修复后混凝土试块的氯离子扩散系数。掺加微胶囊混凝土氯离子扩散系数保留率可用下列公式计算。

$$\eta_{\mathrm{Rft}} = \frac{\eta_0}{\eta'_{\mathrm{f}}} \times 100\% \tag{8-2}$$

式中:η_{Rft}——氯离子扩散系数的保留率,%;

η_0——标准养护 28d 后混凝土试块的氯离子扩散系数,$10 \sim 12\mathrm{m}^2/\mathrm{s}$;

η'_{f}——经过 7d 自修复后掺加微胶囊冻融损伤混凝土的氯离子扩散系数,$10 \sim 12\mathrm{m}^2/\mathrm{s}$。

图 8-23 为掺加不同微胶囊混凝土冻融循环 100 次在空气中自修复 7d 后的孔径分布。与标准养护 28d 后各组混凝土试件的孔径分布进行对比,对比试样在经过 100 次冻融循环后即使经过了 7d 自修复,其孔径大于 0.1μm 的孔占比仍然上升到 54.8%。而经过 7d 自修复后,CON1、CON2 和 CON3 的孔径大于 0.1μm 的孔占比分别只有为 32.3%、49.1% 和 47.8%。从以上数据分析可得,CON3 的孔径大于 0.1μm 的孔占比经过自修复后比 CON1 和 CON2 更接近孔径大于 0.1μm 的孔占比的初始值,这说明纳米二氧化硅/石蜡/聚乙烯蜡复合壁材微胶囊对混凝土的自修复性能提升最为明显。

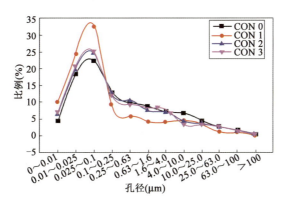

图 8-23 混凝土自修复 7d 后的孔径分布(冻融循环 100 次)

图 8-24 显示了混凝土经过 100 次冻融循环,在空气中自修复 7d 后的内部微观结构。可以看出,自修复 7d 后,掺加微胶囊混凝土在自修复 7d 后孔隙处存在网状的修复产物,密实性得到了较大的提高,表明微胶囊能够提升混凝土的冻融损伤自修复能力。

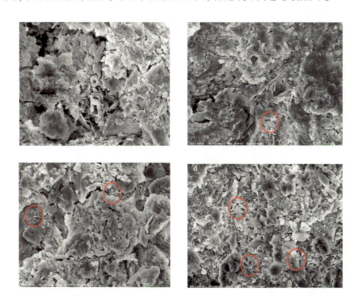

图 8-24　混凝土自修复 7d 后的微观结构(冻融循环 100 次)

3)钢渣水泥混凝土的抗冻融性能

根据《普通混凝土长期性能和耐久性能试验方法标准》(GB/T 50082—2009)中的快冻试验方法,将标准养护 24d 后的混凝土试块从养护室取出,放入水中浸泡 4d,水温控制在 20℃ ± 2℃,浸泡时水面高出试块顶部表面 25mm。混凝土试块在达到 28d 龄期后被放入 KDR-V5 型混凝土快速冻融试验机,自动进行冻融循环试验。在冻融过程中,混凝土试块中心最低和最高温度分别为 -18℃ ±2℃ 和 5℃ ±2℃。每个冻融循环过程在 4h 内完成,其中用于融化的时间不少于 1h。本试验一共进行 100 次冻融循环,在 0 次、25 次、50 次、75 次和 100 次循环后分别取出部分试块进行外观观测。在完成 100 次冻融循环后进行混凝土试块质量损失率、抗压强度损失率、耐久性测试。

(1)混凝土冻融循环过程中外观形貌变化。

图 8-25 为不同类型混凝土在冻融循环过程中外观形貌的变化情况。从图 8-25a)可以发现,冻融循环 50 次以后,对比样 CON0 的表面已经出现大面积剥落,当冻融循环达到 100 次时,除了表面剥落外,对比样已经变得残缺,说明冻融循环对混凝土表面和整体结构都产生了非常明显的破坏。其原因是混凝土内部孔隙中的水分在冻融循环过程正负温差交替作用下,形成冰胀压力和渗透压力联合作用的疲劳应力,这种疲劳应力最终导致了混凝土的表面剥落和结构破坏。从图 8-25b)、c)和 d)可以观察到,掺加微胶囊的混凝土在经过 100 次冻融循环后,虽然也有不同程度的表面剥落,但是相比 CON0 的损伤程度更轻,而且混凝土结构并没有

被破坏。这可能是因为冻融损伤后,混凝土内部出现了微裂纹,微胶囊破裂,释放修复剂修复了这些微裂纹,从而使内部结构更加密实,增强了混凝土的抗冻能力。对比图 8-25b)、c)、d)可知,在冻融循环次数相同时,CON1 表面剥落更多,而 CON3 表面变化最小,这说明纳米二氧化硅/石蜡/聚乙烯蜡复合壁材微胶囊对混凝土的抗冻性能提升最好,而石蜡壁材微胶囊对混凝土抗冻性能提升相对较低。

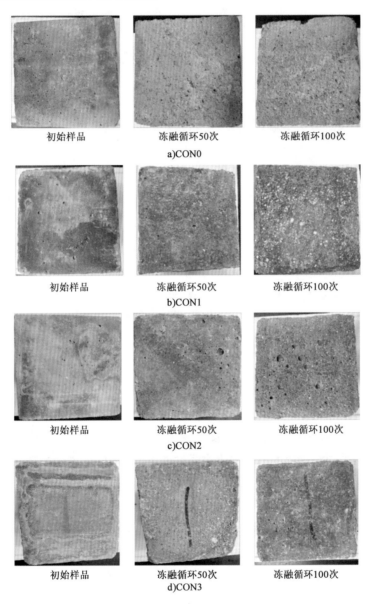

图 8-25 冻融循环过程中混凝土的外观形貌变化

(2)混凝土冻融循环过程中的质量损失率。

图 8-26 反映了冻融循环过程中混凝土质量损失的变化情况,可以发现混凝土试块在前 50

次冻融循环过程中质量损失变化较为缓慢,随着冻融循环次数的增加,混凝土的质量损失率也逐渐变高,并且质量损失的速度不断加快。这主要是因为混凝土在冻融循环初期仅仅只是表面出现微小损伤,而随着冻融循环次数的增加,混凝土试块剥落损伤程度越来越严重,最终导致质量损失的加剧。

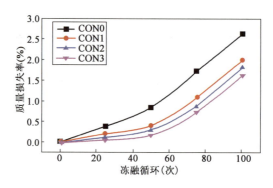

图 8-26 冻融循环过程中混凝土的质量损失率

由图 8-26 中可知,掺加微胶囊混凝土试块在冻融循环 100 次后的质量损失率明显比对比试样 CON0 更低,在冻融循环 100 次后,CON0、CON1、CON2 和 CON3 的质量损失率分别为 2.64%、1.99%、1.83% 和 1.63%。与对比试样相比,CON1、CON2 和 CON3 的质量损失率分别减少了 24.6%、30.7% 和 38.3%。这主要是因为冻融循环后,冰胀压力和渗透压力的共同作用,混凝土内部会产生微裂纹,微胶囊破裂释放修复剂可以修复这些微裂纹,在一定程度上降低冻融循环对混凝土的损伤,提升混凝土的抗冻性能。纳米二氧化硅/石蜡/聚乙烯蜡复合壁材微胶囊芯材含量更高,60d 质量泄漏率最低,所以对混凝土 CON3 的抗冻性能提高最为明显。

(3)混凝土冻融循环过程中的抗压强度变化。

图 8-27 显示了冻融循环过程中混凝土抗压强度损失的变化情况。由图 8-27 可以看出经过快速冻融循环后,混凝土试块的抗压强度出现了明显下降。这是因为冻融循环破坏了混凝土的内部结构,产生了微裂纹,导致混凝土力学性能下降。100 次冻融循环对试块的破坏最为严重,所以抗压强度下降更加明显。从图 8-27 可以发现在冻融循环的过程中,掺加微胶囊混凝土的抗压强度损失率明显比空白样更低。在经过 100 次冻融循环后,CON0、CON1、CON2 和 CON3 的抗压强度损失率分别为 26.7%、18.6%、15.1% 和 13.6%。与 CON0 相比,CON1、CON2 和 CON3 的抗压强度损失分别减少了 30.3%、43.4% 和 49.1%,说明微胶囊对混凝土的抗冻融损伤能力具有显著的改善作用,提高了混凝土的抗冻性能。

(4)混凝土耐久性测试。

水泥混凝土耐久性是混凝土道路使用过程中抵抗破坏导致失效的能力,对环境资源和公路安全都有着非常重要的意义。本小节从干缩性能、抗硫酸盐腐蚀性能和抗氯离子渗透性能三个方面进行耐久性测试。

① 干缩性能。

干燥收缩试验的基准组由三种 P·O 42.5 纯水泥试样组成，A、B、C 三组试验组所用水泥分别为海螺牌 P·O 42.5 水泥、龙蟠牌 P·O 42.5 水泥、鱼峰牌 P·O 42.5 水泥。复掺钢渣微粉水泥混凝土干燥收缩试验结果见图 8-28，可以看出 3 种不同水泥的 C30 水泥混凝土干燥收缩曲线十分接近，三组试验组的收缩率都小于纯水泥试件。收缩率与试验时间呈正相关关系，同时前 28d 时收缩率曲线斜率大于 1,28d 以后收缩率曲线斜率小于 1，混凝土的收缩率曲线随着试验的进行斜率不断减小，0~3d 内试验组和基准组的收缩率差距不大，其中 C 组由于复掺钢渣微粉的早期安定性不稳定，有一定的膨胀，收缩率为负值。另外总体来说复掺钢渣微粉配制的 3 种不同 P·O 42.5 水泥混凝土的干燥收缩率都比基准组小。对比 A、B、C 三组试验组可以看到，A、B 两组的收缩率接近，而 C 组的收缩率最小。在干燥收缩性能上，复掺钢渣微粉和鱼峰 P·O 42.5 水泥配制的水泥混凝土性能最优。

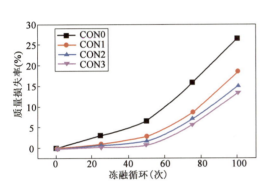

图 8-27 冻融循环过程中混凝土的抗压强度损失率

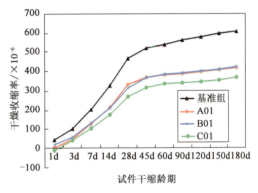

图 8-28 复掺钢渣微粉水泥混凝土干缩试验结果

② 抗硫酸盐腐蚀性能。

本次试验选取三个试验组，A、B、C 三组分别所用的水泥是海螺牌 P·O 42.5 水泥、龙蟠牌 P·O 42.5 水泥、鱼峰牌 P·O 42.5 水泥。复掺钢渣微粉胶凝材料抗硫酸盐侵蚀性能试验结果如表 8-30 所示。

复掺钢渣微粉抗硫酸盐侵蚀试验结果　　　　　　　　　　表 8-30

试验编号	抗折强度(Na_2SO_4)RSO_4^{2-}(MPa)	抗折强度(水)RW(MPa)	抗蚀系数 RSO_4^{2-}(RW)
对照组	8.93	9.13	97.8
A	8.57	8.03	106.7
B	8.27	7.60	108.8
C	7.97	7.23	110.2

分析表 8-30 可知。对照组为纯水泥样，A、B、C 三组为试验组。从表中可以看到,3 种不同水泥的普通硅酸盐水泥混凝土在 Na_2SO_4 溶液浸泡后的抗折强度均比普通养护条件下的要高。具体来看，从抗蚀系数试验结果可以看出，纯水泥试验样的抗蚀系数为 97.8%，意味着纯水泥试验样在硫酸盐溶液浸泡后的抗折强度降低，但是 3 种不同水泥的普通硅酸盐水泥混凝

土试验样的抗蚀系数都有所增加,A、B、C 三组分别为 106.7%、108.8%、110.2%,说明复掺钢渣微粉可以有效提高水泥胶凝材料的抗硫酸盐侵蚀性能。对比 A、B、C 三组试验结果,C 组的抗蚀系数是最大的,说明鱼峰 P·O 42.5 水泥配制水泥混凝土时抗硫酸盐侵蚀性能要比另外两种水泥更优秀。综上所述,复掺钢渣微粉能提高水泥混凝土的抗硫酸盐侵蚀性能,并且用鱼峰 P·O 42.5 水泥配制 C30 水泥混凝土时效果更明显。

③抗氯离子渗透性能。

试验选用的快速氯离子扩散系数法进行测试,复掺钢渣微粉水泥混凝土抗氯离子渗透性能试验结果如表 8-31 所示。

复掺钢渣微粉水泥混凝土抗氯离子渗透性能扩散系数($\times 10^{-12} m^2/s$)　　表 8-31

类别	氯离子扩散系数
基准组	9.559
A	6.743
B	8.351
C	5.988

抗氯离子渗透性能试验的基准组由三种 P·O 42.5 纯水泥试样组成,A、B、C 三组试验组所用水泥同样为海螺牌 P·O 42.5 水泥、龙蟠牌 P·O 42.5 水泥、鱼峰牌 P·O 42.5 水泥,复掺钢渣微粉水泥混凝土的配合比见表 8-6。经计算,测得三种复掺钢渣微粉混凝土的抗氯离子扩散系数如表 8-32 所示,从表 8-31 可以看出,基准组的抗氯离子扩散系数最大,其次是 B 组,A 组比 C 组略大一点。基准组的抗氯离子扩散系数分别是 A、B、C 三组的 1.42、1.14、1.60 倍。三种水泥下的复掺钢渣微粉混凝土的抗离子扩散系数均要小于普通混凝土。

复掺钢渣微粉可以有效提高水泥混凝土的抗氯离子渗透能力。水泥混凝土内部有很多的气泡和孔隙,这也是氯离子进入混凝土内部的主要通道,而钢渣微粉表面粗糙、多孔,复掺钢渣微粉有与粉煤灰类似的微集料效应,未水化的料芯会在养护过程中逐步填充氯离子进入的通道,所以复掺钢渣微粉可以较好提高水泥混凝土的抗氯离子渗透性能。

第9章 代表性工程应用与性能观测

为进一步探究将钢渣应用于道路工程的实际效果,以内蒙古包茂高速、草乌高速、国道210等为依托,结合前期研究结论,深入开展钢渣材料的多元化应用研究,充分验证钢渣材料的现实效果,以为钢渣材料在道路工程中的推广应用提供技术支撑。

9.1 包茂高速公路包头至东胜段改扩建工程

9.1.1 生产配合比设计

1) ATB-25 沥青混合料

按照目标配合比确定冷料仓螺旋转速,矿料经过烘干筛分进入热料仓,分别提取热料仓样品进行室内筛分,筛分后集料钢渣粒径为 18~30mm、11~18mm、6~11mm、3~6mm、0~3mm 和天然集料粒径为 0~3mm,经测试与目标配合比基本一致,采用四分法对热料进行取样,做两组平行试样,结果取平均值,测试结果如表 9-1 所示。

钢渣热料质量技术指标　　　　表 9-1

检验项目	集料粒径	检测指标	检验结果
钢渣	18~30mm	表观相对密度	3.794
		毛体积相对密度	3.730
		吸水率(%)	0.45
	11~18mm	表观相对密度	3.784
		毛体积相对密度	3.705
		吸水率(%)	0.57
	6~11mm	表观相对密度	3.734
		毛体积相对密度	3.628
		吸水率(%)	0.78

续上表

检验项目	集料粒径	检测指标	检验结果
钢渣	3~6mm	表观相对密度	3.713
		毛体积相对密度	3.558
		吸水率(%)	1.17
	0~3mm	表观相对密度	3.569
天然集料	0~3mm	表观相对密度	2.790

同样采用四分法,取两组试样进行筛分,计算筛分通过率,筛分结果取平均值,筛分通过率如表9-2所示。

热料筛分试验结果(通过率%)　　　　　　　　　　　　　表9-2

集料粒径	筛孔尺寸(mm)											
	31.5	26.5	19	16	13.2	9.5	4.75	2.36	1.18	0.6	0.3	0.15	0.075
18~30mm	100	98.8	22.9	4.1	2.1	0.4	0.3	0.3	0.3	0.3	0.3	0.3
11~18mm	100	100	95.5	63.2	25.1	0.6	0.2	0.2	0.2	0.2	0.2	0.1
6~11mm	100	100	100	100	100	66.2	1.3	0.2	0.2	0.2	0.2	0.1
3~6mm	100	100	100	100	100	100	69.0	4.2	2.2	1.2	1.2	0.3
0~3mm	100	100	100	100	100	100	99.1	58.9	30.6	14.0	6.3	4.0	1.2
0~3mm(砂)	100	100	100	100	100	100	100	100	100	94.5	88.5	81.3
矿粉	100	100	100	100	100	100	99.7	82.1	61.6	41.5	25.6	17.6	3.8

以下面层ATB-25目标配级的数据为依据,最终确定最佳油石比为3.2%,全钢渣和天然集料合成级配见表9-3、表9-4。

全钢渣热料级配矿料组成(油石比3.2%)　　　　　　　　表9-3

粒径(mm)	22~30	11~18	6~11	3~6	0~3	矿粉
集料质量比(%)	30	21	9	8	28	4

天然集料热料级配矿料组成(油石比3.2%)　　　　　　　表9-4

粒径(mm)	22~30	11~18	6~11	3~6	0~3	矿粉
集料质量比(%)	31	27	12	7	19	4

用选定的矿料级配和最佳油石比制作马歇尔试件(图9-1、图9-2),测定混合料的空隙率、稳定度及流值等指标,试验结果见表9-5。通过以上试验检测数据结果,综合施工经验及VMA等指标,可以看出各项指标均符合设计要求。

a)全钢渣试件　　　　　　　　b)天然集料试件

图 9-1　大型马歇尔试件图

a)全钢渣试件　　　　　　　　b)天然集料试件

图 9-2　大型马歇尔剖面图

沥青混合料性能验证汇总表　　　　　　　　表 9-5

试验项目	最佳油石比	检测项目	检测结果	规范要求
全钢渣	3.2%	马歇尔密度	3.276	—
		计算最大理论密度	3.378	—
		空隙率(%)	3.6	3~6
		沥青饱和度(%)	70.0	55~70
		矿料间隙率(%)	12.1	≥12
		浸水稳定度(kN)	28.50	≥7.5
		流值(0.1mm)	3.91	1.5~4
		浸水48h稳定度(kN)	25.19	≥7.5
		浸水残留稳定度比(%)	88.2	≥75

续上表

试验项目	最佳油石比	检测项目	检测结果	规范要求
天然集料	3.2%	马歇尔密度	3.162	—
		计算最大理论密度	3.234	—
		空隙率(%)	3.7	3~6
		沥青饱和度(%)	69.7	55~70
		矿料间隙率(%)	12.2	≥12
		马歇尔稳定度(kN)	28.11	≥7.5
		流值(0.1mm)	3.56	1.5~4
		浸水48h稳定度(kN)	20.59	≥7.5
		浸水残留稳定度比(%)	88.1	≥75

2) AC-20 沥青混合料

按照目标配合比确定冷料仓螺旋转速,矿料经过烘干筛分进入热料仓,分别提取热料仓样品进行室内筛分,筛分后集料钢渣粒径为 18~24mm、11~18mm、6~11mm、3~6mm、0~3mm 和天然集料粒径为 0~3mm,经测试与目标配合比基本一致,采用四分法对热料进行取样,做两组平行试样,结果取平均值,测试结果如表 9-6 所示。

钢渣热料质量技术指标 表 9-6

检验项目	集料粒径	检测指标	检验结果
钢渣	18~24mm	表观相对密度	3.752
		毛体积相对密度	3.670
		吸水率(%)	0.60
	11~18mm	表观相对密度	3.784
		毛体积相对密度	3.705
		吸水率(%)	0.57
	6~11mm	表观相对密度	3.734
		毛体积相对密度	3.628
		吸水率(%)	0.78
钢渣	3~6mm	表观相对密度	3.713
		毛体积相对密度	3.558
		吸水率(%)	1.17
	0~3mm	表观相对密度	3.569
天然集料	0~3mm	表观相对密度	2.790

同样采用四分法,取两组试样进行筛分,计算筛分通过率,筛分结果取平均值,筛分通过率如表 9-7 所示。

热料筛分试验结果(通过率%) 表9-7

集料粒径	筛孔尺寸(mm)										
	26.5	19	16	13.2	9.5	4.75	2.36	1.18	0.6	0.3	0.15	0.075
18~24mm	100	80.0	25.2	4.0	0.5	0.3	0.3	0.3	0.3	0.3	0.3	0.2
11~18mm	100	95.5	63.2	25.1	0.6	0.2	0.2	0.2	0.2	0.2	0.2	0.1
6~11mm	100	100	100	100	66.2	1.3	0.2	0.2	0.2	0.2	0.2	0.1
3~6mm	100	100	100	100	100	69.0	4.2	2.2	1.2	1.2	1.2	0.3
0~3mm	100	100	100	100	100	99.1	58.9	30.6	14.0	6.3	4.0	1.2
0~3mm(砂)	100	100	100	100	99.7	82.1	61.6	41.5	25.6	17.6	3.8
矿粉	100	100	100	100	100	100	61.6	100	94.5	88.5	81.3

确定生产配合比。依据前文中面层 AC-20 目标配级的数据,最终确定最佳油石比为3.9%,全钢渣和天然集料合成级配见表9-8、表9-9。

全钢渣热料级配矿料组成(油石比3.9%) 表9-8

粒径	18~24mm	11~18mm	6~11mm	3~6mm	0~3mm	矿粉
集料质量比(%)	21	22	14	9	31	3

天然集料热料级配矿料组成(油石比3.9%) 表9-9

粒径	18~24mm	11~18mm	6~11mm	3~6mm	0~3mm(砂)	矿粉
集料质量比(%)	24	23	18	11	21	3

用选定的矿料级配和最佳油石比制作马歇尔试件,见图9-3,测定混合料的空隙率、稳定度及流值等指标,试验结果见表9-10。通过以上试验检测数据结果,综合施工经验及 VMA 等指标,可以看出各项指标均符合设计要求。

a)全钢渣试样　　　　　　　　b)天然集料试样

图9-3　马歇尔剖面图

沥青混合料性能验证汇总表　　　　表 9-10

试验项目	最佳油石比	检测项目	检测结果	规范要求
全钢渣	3.9%	马歇尔密度	3.179	—
		计算最大理论密度	3.330	—
		空隙率(%)	4.5	3~6
		沥青饱和度(%)	69.9	55~70
		矿料间隙率(%)	15.1	≥12
		浸水稳定度(kN)	11.23	≥7.5
		流值(0.1mm)	3..27	1.5~4
		浸水48h稳定度(kN)	10.76	≥7.5
		浸水残留稳定度比(%)	95.8	≥80
天然集料	3.9%	马歇尔密度	3.097	—
		计算最大理论密度	3.174	—
		空隙率(%)	3.7	3~6
		沥青饱和度(%)	69.7	55~70
		矿料间隙率(%)	12.7	≥12
		马歇尔稳定度(kN)	10.54	≥7.5
		流值(0.1mm)	2.98	1.5~4
		浸水48h稳定度(kN)	9.74	≥7.5
		浸水残留稳定度比(%)	92.4	≥80

3) AC-16 沥青混合料

按照目标配合比确定冷料仓螺旋转速,矿料经过烘干筛分进入热料仓,分别提取热料仓样品进行室内筛分,筛分后集料钢渣粒径为 11~18mm、6~11mm、3~6mm、0~3mm 和天然集料粒径为 0~3mm,经测试与目标配合比基本一致,采用四分法对热料进行取样,做两组平行试样,结果取平均值,测试结果如表 9-11 所示。

钢渣热料质量技术指标　　　　表 9-11

检验项目	集料粒径	检测指标	检验结果
钢渣	11~18mm	表观相对密度	3.784
		毛体积相对密度	3.705
		吸水率(%)	0.57
	6~11mm	表观相对密度	3.734
		毛体积相对密度	3.628
		吸水率(%)	0.78
	3~6mm	表观相对密度	3.713
		毛体积相对密度	3.558
		吸水率(%)	1.17
	0~3mm	表观相对密度	3.569
天然集料	0~3mm	表观相对密度	2.790

同样采用四分法,取两组试样进行筛分,计算筛分通过率,筛分结果取平均值,筛分通过率如表9-12所示。

热料筛分试验结果(通过率%) 表9-12

集料粒径	筛孔尺寸(mm)										
	26.5	19	16	13.2	9.5	4.75	2.36	1.18	0.6	0.3	0.15	0.075
11~18mm	100	95.5	63.2	25.1	0.6	0.2	0.2	0.2	0.2	0.2	0.2	0.1
6~11mm	100	100	100	100	66.2	1.3	0.2	0.2	0.2	0.2	0.2	0.1
3~6mm	100	100	100	100	100	69.0	4.2	2.2	1.2	1.2	1.2	0.3
0~3mm	100	100	100	100	100	99.1	58.9	30.6	14.0	6.3	4.0	1.2
0~3mm(砂)	100	100	100	100	100	99.7	82.1	61.6	41.5	25.6	17.6	3.8
矿粉	100	100	100	100	100	100	100	61.6	100	94.5	88.5	81.3

依据前文上面层AC-16目标配级的数据,最终确定最佳油石比为4.2%,全钢渣和天然集料合成级配见表9-13、表9-14。

全钢渣热料级配矿料组成(油石比4.2%) 表9-13

粒径	11~18mm	6~11mm	3~6mm	0~3mm	矿粉
集料质量比(%)	32	21	7	26	4

天然集料热料级配矿料组成(油石比4.2%) 表9-14

粒径	11~18mm	6~11mm	3~6mm	0~3mm(砂)	矿粉
集料质量比(%)	36	27	11	22	4

用选定的矿料级配和最佳油石比制作马歇尔试件,见图9-4,测定混合料的空隙率、稳定度及流值等指标,试验结果见表9-15。通过以上试验检测数据结果,综合施工经验及VMA等指标,可以看出各项指标均符合设计要求。

a)全钢渣试件　　　　　　　　b)天然集料试件

图9-4 马歇尔剖面图

沥青混合料性能验证汇总表　　　　　表 9-15

试验项目	最佳油石比	检测项目	检测结果	规范要求
全钢渣	4.2%	马歇尔密度	3.185	—
		计算最大理论密度	3.286	—
		空隙率(%)	3.1	3~6
		沥青饱和度(%)	69.7	55~70
		矿料间隙率(%)	12.5	≥12
		浸水稳定度(kN)	11.72	≥7.5
		流值(0.1mm)	2.86	1.5~4
		浸水 48h 稳定度(kN)	10.83	≥7.5
		浸水残留稳定度比(%)	92.4	≥80
天然集料	4.2%	马歇尔密度	3.051	—
		计算最大理论密度	3.130	—
		空隙率(%)	3.2	3~6
		沥青饱和度(%)	68.9	55~70
		矿料间隙率(%)	13.9	≥12
		马歇尔稳定度(kN)	11.18	≥7.5
		流值(0.1mm)	3.76	1.5~4
		浸水 48h 稳定度(kN)	10.28	≥7.5
		浸水残留稳定度比(%)	91.9	≥80

9.1.2 配合比的控制

(1) 经设计确定的标准配合比在施工中不得随意变更，如进场材料发生变化并测定沥青混合料的矿料级配、马歇尔技术指标不符合要求时，及时进行调整配合比，保证沥青混合料质量符合要求并相对稳定，必要时重新进行配合比设计。

(2) 配合比小组，尤其是质检员、化验员，必须严把质量关，每天正常拌和生产前，应首先把各热料仓的混合料(不含沥青)分别打一次，并及时进行筛分，然后要再打一次混合料进行油石比马歇尔试验，如发现配合比、油石比不符合要求，应马上调整。

(3) 在生产的过程中，小组对每生产 200t 集料便要取一次沥青混合料，进行油石比、筛分、马歇尔试验，若发现不符合设计要求时，应及时进行调整，必要时重新设计。

9.1.3 施工前准备工作

1) 技术准备

(1) 制定详细的施工组织计划，进行详细的技术交底，掌握规程、施工工艺、施工方案、指标要求，理解设计图纸。

(2)计算路段内各点设计高程,10m断面三点。

(3)各种记录及表格准备(内业、外业、质检、化验、统计等方面)。

(4)沥青混合料的试验报告。

2)人员准备

(1)现场施工负责人一名,负责施工生产的协调工作。

(2)沥青混凝土面层施工应配备齐全的施工人员,包括工程、质检、材料、机务、拌和场及农民工连队等人员,工段内应保持从施工开始到结束相对不变。

(3)如拌和与摊铺由两个单位独立施工时,应制定详细的"管理办法"。

(4)按照施工组织设计确定沥青混凝土面层的施工人员安排。

(5)拌和场场长负责拌和场的生产指挥、组织协调等日常事务;维修员负责维修、保养、检查、改造等;操作员负责操作,控制混合料的各项指标;收发料员负责进料、收料,出场过秤等工作;装载机操作手负责各种单质材料的上料工作;工程技术人员(包括试验员)负责控制施工生产的质量。

3)摊铺作业现场

摊铺现场技术人员配备及施工情况见图9-5。

图9-5 摊铺现场技术人员配备及施工情况

(1)施工管理人员。施工负责人1人,负责协调施工各环节,处理突发事件。工长2人,一人负责摊铺机的工作,保证摊铺平整度控制在2mm以内(该平整度指以4m直尺测得);另外一人负责碾压,对初压后不合格点及时整修,保证压实后的平整度合格率在98%以上。测工2人;负责摊铺前的施工放样和压实后的跟踪测量。试验员1人负责温度控制(摊铺、碾压)。

(2)力工配备。清扫基层3~4人;指挥卸车1人,保证料车不撞击摊铺机;跟摊铺机料斗2人,保证摊铺机履带下无散料;传感器2人,保证传感器不脱落及其灵敏度;跟测工放样、校桩等工作2~3人;4m平整度尺2人;检测厚度1人;捡大料1人;收边2人;推小车3人;推耙的耙手2人;临时装车、打替班3~4人,人员组成后分别结合各工种特点进行培训,并为试验、测量、拌和站、运输队、摊铺、碾压、透层油的洒布编写操作要点并严格执行。

(3)设备准备。沥青混凝土拌和设备1套,发电机组1套、动力电变压线路1处,用于拌和设备供电;装载机4台,用于冷料仓的上料;推土机1台,用于攒料;35t以上度量衡1台,用于计量各种单质材料的用量。

9.1.4 试验段铺筑与性能研究

为了进一步提高包茂高速公路包头至东胜段改扩建工程路面结构的工程质量,改善钢渣集料柔性基层和沥青面层材料的性能。根据近几年相关的沥青混合料的综合研究,在总结国内外沥青混合料技术方面研究成果的基础上,以强度满足要求,抗车辙能力最佳为原则,优化钢渣沥青混合料配合比,确定推荐的设计参数和施工技术要求。

直接铺筑5cmAC-16中粒式改性沥青混凝土上面层,6cmAC-20中粒式改性沥青混凝土中面层,11cmATB-25沥青碎石下面层,15cm厂拌冷再生乳化沥青混合料上基层,20cm水泥稳定级配碎石下基层,20cm厂拌冷再生水泥稳定级配碎石底基层,共计6层。路面结构见图9-6。

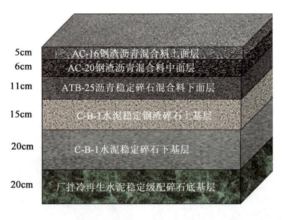

图9-6 包茂高速路面结构图

1)ATB-25下面层钢渣沥青混凝土试验段铺筑

试验段桩号为K181+500—K81+700,级配为11cm ATB-25沥青稳定碎石,其中,前100m为全钢渣稳定试验段,后100m为0~3mm天然细集料与钢渣混合稳定级配试验段,铺筑过程见图9-7。

图 9-7

图 9-7　包茂高速 ATB-25 钢渣沥青下面层试验段

采用沥青拌和楼对不同规格热料、填料和沥青称取可达到生产配合比设计要求,其整体控制精度高,特别在沥青、填料和细料用量上得到很好的保证。3～6mm 热料设计用量相对很少,生产用量控制好,没有出现较大偏差。

表 9-16 为沥青混合料取样燃烧结果与生产合成级配对比统计表,分析可知为保证取样代表性,选择摊铺机后方中间位置的沥青混合料进行取样,燃烧筛分结果与生产合成级配基本一致,在关键筛孔通过率上偏差较小,达到设计要求。

沥青混合料取样燃烧结果与生产合成级配对比(%)　　表 9-16

类型	筛孔尺寸(mm)											
热料	31.5	26.5	19	16	13.2	9.5	4.75	2.36	1.18	0.6	0.3	0.15	0.075
天然细集料合成级配	100	97.3	74.6	61.7	51.2	40.2	30.4	22.5	17.9	13.4	9.7	7.7	4.2
8 车燃烧	100	98.3	74.3	65.7	55.1	46.6	33.4	24.1	15.5	12.1	8.7	7.1	3.9
全组分合成级配	100	97.3	74.6	61.7	51.2	40.2	30.4	22.5	17.9	13.4	9.7	7.7	4.2
13 车燃烧	100	99.4	81.4	67.3	51.7	43.9	34.4	24.8	18.5	13.9	8.9	5.7	4.3

表 9-17 为热拌钢渣沥青混合料的施工温度统计表,通过现场记录的沥青加热温度、矿料温度加热、沥青混合料出厂温度、运输到现场温度、摊铺温度和碾压温度,保证混合料施工温度均符合设计要求。

热拌钢渣沥青混合料的施工温度　　表 9-17

沥青种类		石油沥青 90 号 A 级
沥青加热温度(℃)		158～160
矿料温度加热(℃)		178～180
沥青混合料出厂温度(℃)		172～175
运输到现场温度(℃)		171～173
摊铺温度(℃)		161～167
碾压温度(℃)	初压	141～143
	复压	122～125
	终压	111～115

表 9-18 ~ 表 9-20 为全组分和部分组分钢渣沥青混凝土试验结果,现场碾压质量按现场空隙率与压实度双控,现场压实度大于 98%,空隙率 3% ~ 6%。芯样示意图见图 9-8,测试结果为空隙率在 3.4% ~ 4% 之间,均值为 3.8%,压实度均值 99.8%,个别大于 100%。现场空隙率波动范围表明与混合料级配在可控制范围内。

天然细集料 ATB-25 沥青混凝土性能试验结果　　　　　　　　　表 9-18

项目	生产配合比	现场取料	设计要求
最佳油石比(%)	3.2	3.4	—
理论最大相对密度	3.240	3.235	—
击实试件毛体积相对密度	3.118	3.115	—
空隙率(%)	3.8	3.8	3 ~ 6
马歇尔稳定度(kN)	14.46	13.34	≥7.5
流值(0.1mm)	34.6	32.2	15 ~ 40
矿料间隙率(%)	11.94	11.51	≥12.0
沥青饱和度(%)	68.47	67.00	55 ~ 70
浸水残留稳定度(%)	92.6	90.3	≥75
冻融劈裂残留强度比(%)	87.5	88.4	≥70
膨胀量(%)	0.2	0.1	<1.5
车辙动稳定度(次/mm)	5600	5780	>2800

全组分 ATB-25 沥青混凝土性能试验结果　　　　　　　　　表 9-19

项目	生产配合比	现场取料	设计要求
最佳油石比(%)	3.2	3.5	—
理论最大相对密度	3.384	3.362	—
击实试件毛体积相对密度	3.256	3.235	—
空隙率(%)	3.8	3.8	3 ~ 6
马歇尔稳定度(kN)	15.34	16.17	≥7.5
流值(0.1mm)	33.2	35.3	15 ~ 40
矿料间隙率(%)	12.46	13.27	≥12.0
沥青饱和度(%)	69.64	71.54	55 ~ 70
浸水残留稳定度(%)	91.2	89.4	≥75
冻融劈裂残留强度比(%)	86.2	85.4	≥70
膨胀量(%)	0.3	0.2	<1.5
车辙动稳定度(次/mm)	6300	5840	>2800

现场取芯压实度检测结果 表9-20

类别	检测桩号	干质量(g)	水中质量(g)	表干质量(g)	毛体积密度	理论密度	压实度(%)
全组分	K81+510	5958.3	4111.2	5969.1	3.207	3.258	98.4
	K81+560	6356.7	4409.7	6366.9	3.248		99.7
	K81+570	6072.5	4199.6	6074.7	3.238		99.4
	平均值						99.2
天然细集料	K81+580	6609.4	4533.8	6614.0	3.177	3.140	101.2
	K81+600	5112.9	3463.7	5120.7	3.086		98.3
	K81+660	5674.4	3820.8	5678.3	3.055		97.3
	平均值						98.9

a) 全组分

b) 部分组分

图9-8 全组分和部分组分钢渣芯样

表9-21~表9-23为钢渣沥青混凝土渗水系数、平整度、弯沉值检测结果,结果表明,钢渣沥青混合料试验段生产与施工期间沥青混合料生产配比和合成级配在合理可控范围内,现场取样马歇尔试验结果与生产配合比相吻合,现场碾压质量按现场空隙率与压实度进行双控,空隙率在3.4%~4%之间,均值为3.7%,压实度均值99.8%,个别大于100%。经现场检测,下面层试验段渗水系数和平整度均达到规范要求。

渗水系数检测结果 表9-21

序号	检测桩号	位置	渗水系数(mL/min)	
			单次	平均
1	K81+500	距中1.5m	21	31
2		距边1.5m	40	
3		距中5m	33	
4	K81+550	距中1m	14	20
5		距中6m	13	
6		距中8m	33	

续上表

序号	检测桩号	位置	渗水系数(mL/min)	
			单次	平均
7	K81+600	距中3.5m	41	40
8		距中6.5m	40	
9		距边2.0m	40	
10	K81+650	距中2.5m	34	40
11		居中7.0m	38	
12		居边1.5m	47	
13	K81+700	居中3.0m	43	41
14		居中7.0m	34	
15		居边2.5m	47	

平整度检测结果 表9-22

设计值≤1.5mm				
起点桩号	终点桩号	车道号	平整度标准差δ(mm)	测点数(N)
K81+500	K81+600	行车道	0.522	1000
K81+600	K81+700	行车道	0.570	1000
K81+700	K81+600	超车道	0.685	1000
K81+600	K81+500	超车道	0.563	1000

弯沉值检测结果 表9-23

设计弯沉值(0.01mm):18.6				
桩号	第一车道	第三车道	第二车道	第四车道
K81+500	9.31	10.39	10.91	9.59
K81+525	9.24	11.15	13.58	9.44
K81+550	10.32	12.45	11.36	9.4
K81+575	8.31	12.03	12.24	10.75
K81+600	11.12	11.17	10.89	12.6
K81+625	9.69	10.94	11.22	13.06
K81+650	10.32	11.73	11.82	13.56
K81+675	11.06	12.93	12.82	11.43
K81+700	12.5	10.66	13.54	9.96

2)AC-20 中面层钢渣沥青混凝土试验段铺筑

试验长度共 600m,级配为 6cm 中粒式 SBS 改性沥青混凝土(AC-20)沥青稳定级配碎石,其中,前 200m 为全钢渣稳定级配试验段,后 400m 为 0~3mm 天然细集料与钢渣混合稳定级配试验段。铺筑过程见图 9-9。

图 9-9 包茂高速 AC-20 钢渣沥青中面层试验段铺筑过程

在试验中心实测混合料温度为 175℃,达到了成形马歇尔试件和车辙板试件的温度。全钢渣的实地测试数据结果见表 9-24。

摊铺现场取料实测数据　　　　表 9-24

试验项目	实测油石比	检测项目	检测结果	规范要求
全钢渣	3.85%	马歇尔密度	3.171	—
		计算最大理论密度	3.330	—
		空隙率(%)	4.8	3~6
		马歇尔稳定度(kN)	20.60	≥7.5
		流值(0.1mm)	3.75	1.5~4
		浸水 48h 稳定度(kN)	19.98	≥7.5
		浸水残留稳定度比(%)	97.0	≥80
		劈裂强度(MPa)	1.46	—
		冻融劈裂强度(MPa)	1.41	—
		冻融劈裂强度比(%)	96.6	≥75
		动稳定度(次/min)	9265	≥2400

续上表

试验项目	实测油石比	检测项目	检测结果	规范要求
天然集料	3.80%	马歇尔密度	3.028	—
		实测最大理论密度	3.174	—
		空隙率(%)	4.6	3~6
		马歇尔稳定度(kN)	15.75	≥7.5
		流值(0.1mm)	3.58	1.5~4
		浸水48h稳定度(kN)	14.52	≥7.5
		浸水残留稳定度比(%)	92.2	≥80
		劈裂强度(MPa)	1.27	—
		冻融劈裂强度(MPa)	1.18	—
		冻融劈裂强度比(%)	92.9	≥75
		动稳定度(次/min)	8350	≥2400

由上表检测结果可知,现场混合料的实测数据与生产级配的数据相差很小,达到了设计的要求。施工结束后第2天,去试验段取芯,天然集料试验段和全钢渣试验段各取3个样,检测结果如表9-25所示。

试验段取芯测试结果 表9-25

序号	距路面中心距离(m)	厚度(cm)	毛体积密度	标准密度	压实度(%)	压实度要求(%)
AK0+780	5.5(左)	6.3	3.003	3.028	99.2	≥98
AK0+230	6.0	5.8	3.046		100.6	
EK0+330	3.0	6.0	2.972		98.2	
AK0+700	4.5	5.5	2.986		98.6	
DK0+400	4.5(右)	6.3	2.991	3.012	99.3	
AK0+840	6.0(左)	5.6	2.990		99.3	
AK0+960	4.5(左)	5.5	3.009		99.9	
DK0+260	5.0(右)	5.8	2.980		98.9	

由上表取芯(前4个芯样为全钢渣,后4个芯样为天然集料)检测结果表明,全钢渣试验段的毛体积密度平均值为3.002,压实度平均值为99.2%,天然集料试验段的毛体积密度平均值为3.019,压实度平均值为99.3%,达到了施工规范不小于马歇尔密度98%的要求。因此该试验段的铺设是完全合格的,生产级配符合设计标准。

3)AC-16上面层钢渣沥青混凝土试验段铺筑

试验长度共400m,级配为5cm AC-16中粒式改性沥青混凝土上面层。其中,前200m为全钢渣稳定级配试验段,后200m为0~3mm天然细集料与钢渣混合稳定级配试验段。铺筑过程见图9-10。

图 9-10 包茂高速 AC-16 钢渣沥青上面层试验段铺筑过程

在试验中心实测混合料温度为 175℃,达到了成形马歇尔试件和车辙板试件的温度。全钢渣的实地测试数据结果见表 9-26。

摊铺现场取料实测数据 表 9-26

试验项目	实测油石比	检测项目	检测结果	规范要求
全钢渣	4.71%	马歇尔密度	3.105	—
		计算最大理论密度	3.252	—
		空隙率(%)	4.6	3~6
		马歇尔稳定度(kN)	21.87	≥7.5
		流值(0.1mm)	3.41	1.5~4
		浸水 48h 稳定度(kN)	19.96	≥7.5
		浸水残留稳定度比(%)	91.3	≥80
		劈裂强度(MPa)	1.78	—
		冻融劈裂强度(MPa)	1.74	—
		冻融劈裂强度比(%)	97.7	≥75
		动稳定度(次/min)	7875	≥2400

续上表

试验项目	实测油石比	检测项目	检测结果	规范要求
天然集料	4.70%	马歇尔密度	2.986	—
		实测最大理论密度	3.130	—
		空隙率(%)	4.6	3~6
		马歇尔稳定度(kN)	15.80	≥7.5
		流值(0.1mm)	3.22	1.5~4
		浸水48h稳定度(kN)	13.59	≥7.5
		浸水残留稳定度比(%)	86.0	≥80
		劈裂强度(MPa)	1.33	—
		冻融劈裂强度(MPa)	1.13	—
		冻融劈裂强度比(%)	85.0	≥75
		动稳定度(次/min)	7250	≥2400

由上表检测结果可知,现场混合料的实测数据与生产级配的数据相差很小,达到了设计的要求。施工结束后第2天,去试验段取芯,在天然集料试验段和全钢渣试验段各取3个芯样,取样过程见图9-11,检测结果见表9-27。

图9-11 试验段取芯现场

试验段取芯测试结果 表9-27

序号	距路面中心距离(m)	厚度(cm)	毛体积密度	标准密度	压实度(%)	压实度要求(%)
AK0+700	5.0(左)	4.7	3.003	2.986	99.5	≥98
AK0+790	6.5(左)	5.0	3.046		99.2	
AK0+880	4.5(左)	6.0	2.972		100.0	
AK0+930	4.5(左)	5.6	2.986		97.0	
AK0+660	4.5(左)	5.5	2.991		100.1	
AK0+750	6.0(左)	5.3	3.021		99.3	
AK0+700	4.5(右)	5.5	3.081	3.106	99.2	
AK0+790	5.0(右)	5.1	3.053		98.3	
AK0+880	6.0(右)	6.3	3.152		101.5	
AK0+950	5.5(右)	5.1	3.067		98.8	

由上表取芯(前6个芯样为天然集料,后4个芯样为全钢渣)检测结果表明,全钢渣试验段的毛体积密度平均值为3.088,压实度平均值为99.5%,天然集料试验段的毛体积密度平均值为3.003,压实度平均值为99.1%,达到了施工规范不小于马歇尔密度98%的要求。因此该试验段的铺设是完全合格的,生产级配符合设计标准。

表9-28为上面层平整度、渗水系数、摩擦系数、构造深度、弯沉值检测结果,由检测结果可知,试验段各项指标均满足规范要求。

试验段验收结果　　　　　　　　　　　　　　　　　表9-28

检查项目		测量结果	设计值	质量要求
上面层厚度(mm)		53.5	50	≥47.5
路面平整度 IRI(m/km)		1.88	—	≤2.0
路面渗水系数(mL/min)		30	—	≤300
摩擦系数摆值 BPN_{20}		110	—	≥60
构造深度 TC(mm)		1.62	—	≥0.45
弯沉	平均值(mm)	9.28	15.5	≤20
	变异系数(%)	18.4	—	≤20
	代表值(mm)	12.09	—	≤20

9.2 草高吐至乌兰浩特段高速公路改建工程

9.2.1 AC-20钢渣沥青混凝土生产配合比设计

按照目标配合比确定冷料仓螺旋转速,矿料经过烘干筛分进入热料仓,分别提取热料仓样品进行室内筛分,筛分后集料钢渣粒径为16~26.5mm、11~16mm、6~11mm、3~6mm、0~3mm和天然集料粒径为0~3mm和3~6mm,经测试与目标配合比基本一致,测试数据如下。采用四分法对热料进行取样,做两组平行试样,结果取平均值,测试结果见表9-29。

钢渣热料质量技术指标　　　　　　　　　　　　　　表9-29

	检验项目		检验结果	技术要求
钢渣	16~22mm	表观相对密度	3.743	≥2.9
		毛体积相对密度	3.603	—
		吸水率(%)	1.04	≤3.0
	9.5~16mm	表观相对密度	3.759	≥2.9
		毛体积相对密度	3.582	—
		吸水率(%)	1.31	≤3.0
	4.75~9.5mm	表观相对密度	3.754	≥2.9
		毛体积相对密度	3.538	—
		吸水率(%)	1.62	≤3.0

同样采用四分法,取两组试样进行筛分,计算筛分通过率,筛分结果取平均值,筛分通过率见表9-30。

热料筛分试验结果(通达率%)　　　　　　　　　　　　　　　　　表9-30

集料粒径 （mm）	筛孔尺寸（mm）										
	26.5	19	16	13.2	9.5	4.75	2.36	1.18	0.6	0.3	0.15	0.075
16~26.5	100	93.3	45.4	6.4	1.2	1.2	1.2	1.2	1.2	1.2	1.2
9.5~16	100	100	100	63.1	0.5	0.5	0.1	0.1	0.1	0.1	0.1
4.75~9.5	100	100	100	100	79.0	2.1	1.9	1.9	1.9	1.9	1.9
2.36~4.75 机制砂	100	100	100	100	100	72.1	3.8	1.9	1.9	1.9	1.9
0~2.36 机制砂	100	100	100	100	100	100	89.9	54.0	35.2	11.1	11.0	5.0
矿粉	100	100	100	100	100	100	100	100	100	99.5	97.4	93.2

根据前文中面层 AC-20 目标级配的数据,最终确定最佳油石比为3.9%,全钢渣和天然集料合成级配见表9-31。

天然集料热料级配矿料组成(油石比3.9%)　　　　　　　　　　　表9-31

粒径（mm）	16~26.5	9.5~16	4.75~9.5	2.36~4.75	0~2.36	矿粉
集料质量比(%)	28	25	14	10	20	3

用选定的矿料级配和最佳油石比制作马歇尔试件,测定混合料的空隙率、稳定度及流值等指标,通过以上试验检测数据结果,综合施工经验及VMA等指标,从试验结果可以看出各项指标均符合设计要求。试验结果见表9-32。

沥青混合料性能验证汇总表油石比3.9%　　　　　　　　　　　表9-32

马歇尔密度	2.873	—
计算最大理论密度	3.008	—
空隙率(%)	4.5	3~6
沥青饱和度(%)	64.0	55~70
矿料间隙率(%)	12.5	≥12
马歇尔稳定度(kN)	12.53	≥7.5
流值(0.1mm)	2.89	1.5~4
浸水48h稳定度(kN)	9.56	≥7.5
浸水残留稳定度比(%)	91.5	≥80

9.2.2 试验段的铺筑与性能研究

K986+900—K987+400 直接铺筑5cmAC-20 中粒式改性沥青钢渣混凝土中面层,试验段长度共500m,采用0~3mm和3~5mm天然细集料与钢渣混合稳定级配。

沥青混凝土路面施工前必须先修筑路缘石,摊铺采用摊铺机进行,同时配备标准的自动找平装置。松铺系数的确定,在铺筑沥青混合料前,每10m一个断面测定三点结构层高程,然后按等厚(5cm)放铺筑高程线,铺装并测定各点松铺高程,控制好摊铺方法、压实方法、压实温度,达到压实标准。成形后,重新测定各个点位,根据结构层高程,松铺高程、压实后高程,得出成型前、后的厚度值便可总结得到松铺系数,控制松铺系数在1.15~1.25。

(1)摊铺过程中应尽量采用全幅施工,采用半幅施工时,可阶梯进行或每天一侧半幅摊铺一个台班,便于处理接缝。

(2)调整好熨平板的高度和横坡后,进行预热,要求熨平板温度不低于100℃。这是保证摊铺质量的重要措施之一,要注意掌握好预热时间预热后的熨平板在工作时如铺面出现少量沥青胶浆,且有拉沟时,表明熨平板已过热,应冷却片刻再进行摊铺。

(3)正确处理好绞笼内料的数量和螺旋输送器的转速配合,绞笼内最恰当的混合料数量是料堆的高度平齐于或略高于螺旋叶片,这种料堆的高度应沿螺旋全长一致,因此要求机械操作人员操作螺旋的转速配合恰当。

(4)热拌料运到路段上,化验员检测温度后,由现场指挥人员指挥卸料,最好排列4~5台料车进行卸料,减少摊铺机停机次数,保证摊铺的连续性。

(5)为消除纵缝,采用全幅摊铺,但需调整好路拱,对不能全幅一次摊铺的沥青路面上下两层之间的纵缝,应至少错开30cm,如果行车道为两条,则表层接缝应在路中,铺筑过程见图9-12。

a)摊铺现场　　　　　　　　　　　b)摊铺完成的路面

图9-12 摊铺机的摊铺过程

(6)摊铺机的摊铺过程。摊铺速度应根据拌和机的产量、施工机械配套情况及摊铺厚度、密度进行调整选择,做到缓、慢、均匀、不间断地摊铺。摊铺过程中不得随意变换速度,避免中途停顿,防止铺筑厚度、温度发生变化,而影响摊铺质量,在铺筑过程中,摊铺机螺旋拨料器不停转动,两侧应保持有不少于拨料高度2/3的混合料。一旦熨平板按所需厚度固定后,不应随意调整。摊铺机的速度应符合1~3m/min的规定,当发现混合料出现明显的离析、波浪、裂缝、拖痕时,应分析原因,予以消除。

(7)碾压过程。碾压过程包括初压(3台双钢轮震动压路机)、复压(3台轮胎压路机)、终压(3台关闭振动的压路机或双钢轮、胶轮压路机)。①初压。应在混合料摊铺后较高温度下进行,温度应控制在110℃~150℃,碾压速度1.5~2.0km/h,并不得产生推移、开裂。压路机应从外侧向中心碾压,相邻碾压带应重叠1/3~1/2轮宽,最后碾压路中心部分,若单幅从低向高处碾压。压完全幅为一遍,每条碾压带折回点部都应等距错开,一遍完成进行第二遍碾压时,用压路机将所有错开的折回点打斜抹平,提高平整度。3台双轮振动压路机,初压第一遍时,前进静压,后退振动;第二遍前进后退均为振压。压路机采用高频高幅进行压实,相邻碾压带轮迹重合为20~30cm。洒水装置进行间断洒水,只要保证不黏轮即可。初压遍数以4遍为宜,双轮振动压路机在振动压实时,必须保持前后双轮都开启振动。②复压。采用胶轮压路机,碾压遍数不少于4遍,温度控制在90℃~110℃,速度可控制在3.0~4.0km/h,需全幅碾压,碾压段落不宜过长,且复压段落不得与未完成初压的段落重合,应与初压段落保持10m左右间距。胶轮压路机进入铺筑路面复压前,必须清除所有轮胎上的杂物,并涂抹隔离剂(不得洒水),隔离剂不得使用柴油等使沥青油剥离性质的物质,且胶轮压路机在第一个复压段落上尽量提高轮胎温度后,方可进入下一个复压段落。第一个复压段落的长度可在30~50m,复压压实遍数应能保证胶轮轮胎无明显黏轮,方可进行下一段落的复压压实。在复压过程中,如果胶轮温度已经提升,且无明显黏轮现象时,可减少涂抹隔离剂的次数。③终压。终压应紧跟复压,可选用双钢轮压路机或关闭振动的振动压路机,碾压遍数不宜小于2遍并无轮迹,终了温度不低于80℃。压实过程中随时用4m检查,用压路机趁热反复碾或用细料修补。压实后的路面见图9-13。

图9-13 压实完成的路面

(8)需注意的问题。①沥青面层不得在雨天施工,当施工中遇雨时,应停止施工。雨季施工时必须切实做好路面排水。②当高速公路和一级公路施工气温低于10℃,其他等级公路施工气温低于5℃时,不宜摊铺热拌沥青混合料。③沥青混合料的分层压实厚度不得大于10cm。④压路机在碾压一个轮迹,折回点必须错开,形成一个阶梯,用压路机打斜抹平。

第9章 代表性工程应用与性能观测

⑤当使用平衡梁时,平衡梁必须紧跟摊铺机后,碾压平衡梁下的两行轮迹。⑥压路机不得随意停顿,而且停止时应停靠在硬路肩上或碾压段后方温度低于70℃的地方,并且再起动时,要把停止造成的轮迹碾压至消失。⑦碾压与构造物衔接处或桥面及路面边缘时,工长要亲自随机指挥碾压,死角部位应由人工夯实。⑧压路机碾压过程中有沥青混合料黏轮现象时,可向碾压轮洒清洁水或加洗衣粉的水,严禁洒柴油,严重时用锹清理干净,同时修补沾起的路面。⑨进入弯道碾压时,应从内侧向外侧高处依次碾压,纵坡段时不论上坡还是下坡应使驱动轮朝向低坡方向,转向轮朝坡面方向,以免温度较高的混合料产生滑移。⑩压路机应由较低的一边向较高的一边错轮碾压。⑪驱动轮面向摊铺机,以减少波纹和热裂缝。变更碾压路线时要在碾压区内较冷的一端进行。⑫停车应在硬路肩或温度低于50℃的已成型的路段上。

(9)摊铺现场取料实测结果。

在试验中心实测混合料温度为175℃,达到了成形马歇尔试件和车辙板试件的温度。全钢渣的实地测试数据如表9-33所示。

摊铺现场取料实测数据　　　　　　表9-33

实测油石比	检测项目	检测结果	规范要求
3.80%	马歇尔密度	2.945	—
	实测最大理论密度	3.085	—
	空隙率(%)	4.5	3~6
	马歇尔稳定度(kN)	14.26	≥7.5
	流值(0.1mm)	3.15	1.5~4
	浸水48h稳定度(kN)	14.12	≥7.5
	浸水残留稳定度比(%)	91.5	≥80
	冻融劈裂强度比(%)	91.2	≥75
	动稳定度(次/min)	7452	≥2400

由上表检测结果可知,现场混合料的实测数据与生产级配的数据相差很小,达到了设计的要求。

(10)路面凝固后取芯实测结果。

施工结束后第2天,试验段取芯检测结果如表9-34所示,芯样见图9-14。

试验段取芯测试结果　　　　　　表9-34

检测桩号	距路面中心距离(m)	厚度(cm)	毛体积密度	标准密度	压实度(%)	压实度要求(%)
K986+900	3.5	5.3	3.009	3.017	99.2	≥98
K987+100	4.5	5.0	3.012		99.8	
K987+200	4	5.1	2.995		99.3	
K987+400	4.5	5.0	2.981		98.8	

a)正面　　　　　　　　　　　　　　b)侧面

图 9-14　芯样试件

由上表取芯检测结果表明,钢渣试验段的毛体积密度平均值为 2.999,压实度平均值为 99.3%,达到了施工规范不小于马歇尔密度 98% 的要求。因此该试验段的铺设是完全合格,生产级配符合设计标准。

9.3　G210 包头段 AC-16 养护试验段

试验段位于 G210 包头段至 G65 的 S41 连接线匝道处,为铣刨上面层后铺筑的养护工程,长度共 900m,宽度 6m,级配为 4cm AC-16 SBS 改性沥青钢渣混凝土。

9.3.1　AC-16 钢渣沥青混凝土配合比设计

1) 矿料配合比设计

配合比设计按照我国《公路沥青路面施工技术规范》(JTG F40—2004)、《公路沥青路面设计规范》(JTG D50—2017) 相关规定进行设计。采取 16~19mm 钢渣、10~16mm 钢渣、5~10mm 钢渣、3~5mm 玄武岩、0~3mm 玄武岩、石灰石矿粉、SBS 改性沥青制备 AC-16 钢渣沥青混合料,其合成级配表和合成级配曲线见表 9-35 和图 9-15。

AC-16 钢渣沥青混合料合成级配(通过率,%)　　　表 9-35

筛孔尺寸(mm)	19	16	13.2	9.5	4.75	2.36	1.18	0.6	0.3	0.15	0.075	配合比
级配上限	100.0	100.0	92.0	80.0	62.0	48.0	36.0	26.0	18.0	14.0	8.0	—
级配下限	100.0	90.0	76.0	60.0	34.0	20.0	13.0	9.0	7.0	5.0	4.0	—
级配中值	100.0	95.0	84.0	70.0	48.0	34.0	24.5	17.5	12.5	9.5	6.0	—
16~19mm 钢渣	98.1	61.8	5.7	1.4	0.3	0.3	0.3	0.3	0.3	0.3	0.3	11%
9.5~16mm 钢渣	100.0	100.0	86.3	5.9	0.1	0.1	0.1	0.1	0.1	0.1	0.1	19%
4.75~9.5mm 玄武岩	100.0	100.0	100.0	76.4	6.8	0.3	0.3	0.3	0.3	0.3	0.3	34%

续上表

2.36~4.75mm 玄武岩	100.0	100.0	100.0	100.0	77.9	3.6	1.2	0.3	0.3	0.3	10%
0~2.36mm 玄武岩	100.0	100.0	100.0	100.0	100.0	86.5	68.5	55.2	36.9	23.7	13.1	23%
矿粉	100.0	100.0	100.0	100.0	100.0	100.0	100.0	100.0	98.1	94.0	89.4	3%
合成级配	99.8	95.8	87.0	63.3	36.2	23.4	19.0	15.9	11.6	8.5	5.9	100%

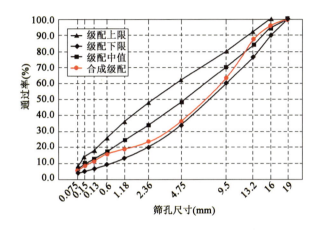

图 9-15 AC-16 钢渣沥青混合料合成级配曲线

2) 最佳油石比优选

根据筛分结果拟合的各档材料比例进行沥青混合料的马歇尔试验,优选出该配合比的最佳油石比,并对最佳油石比条件下的混合料进行验证试验。本配合比采用 3.6%、3.8%、4.0%、4.2%、4.5% 5 个油石比进行马歇尔试验,测定各组试件的空隙率、稳定度和流值等指标,并确定各组对应的矿料间隙率(VMA)、沥青饱和度(VFA)和最大理论相对密度等。根据各油石比条件下的马歇尔试验结果确定最佳油石比。马歇尔试验结果见表 9-36 和图 9-16。

AC-16 目标配合比马歇尔稳定度试验结果 表 9-36

级配类型	油石比(%)	毛体积密度	空隙率(%)	VMA(%)	VFA(%)	稳定度(kN)	流值(mm)	计算理论相对密度
AC-13	3.6	2.953	6.77	14.3	52.9	11.2	2.6	3.167
	3.8	2.978	5.60	13.8	59.4	11.4	0	3.155
	4.0	2.993	4.75	13.5	64.9	11.1	2.5	3.142
	4.2	2.992	4.23	13.5	68.8	11.6	2.33	3.130
	4.5	2.983	4.04	14.1	71.4	9.2	2.8	3.112
要求	—	—	3~5	≥13.5	65~75	≥8.0	2~4.5	

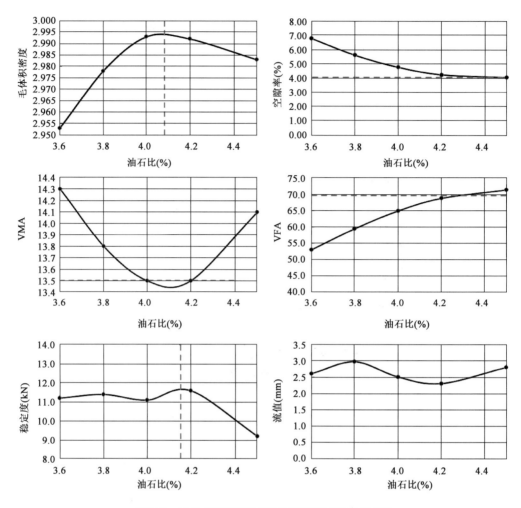

图 9-16　AC-16 钢渣沥青混合料马歇尔试验结果关系式图

从马歇尔试验结果可以看出：

击实密度最大 $a_1=4.1\%$，稳定度最大 $a_2=4.15\%$，目标空隙率中值 4% 时对应 $a_3=4.5\%$；沥青饱和度范围的中值 $a_4=4.3\%$；则有：

$$OAC1=(a_1+a_2+a_3+a_4)/4=4.26\% \tag{9-1}$$

各项指标满足要求取得 $OAC_{min}=3.9, OAC_{max}=4.5$；则有：

$$OAC_2=(OAC_{min}+OAC_{max})/2=4.20 \tag{9-2}$$

计算得：最佳油石比为 $OAC=(OAC_1+OAC_2)/2=4.23$，取一位小数得 4.2%，即，AC-16 钢渣沥青混合料的最佳油石比为 4.2%。在该油石比条件下，分别进行马歇尔试验的相关验证，具体试验结果见表 9-37。由表可知，AC-16 钢渣沥青混合料的性能满足设计要求，后续按照 4.2% 的油石比进行混合料的生产。

最佳油石比(4.2%)下的马歇尔的试验结果　　　　　　表 9-37

最佳油石比(%)	4.2	设计要求
最大理论相对密度	3.130	—
击实试件毛体积相对密度	2.979	—
空隙率(%)	4.69	3~5
马歇尔稳定度(kN)	17.5	≥8
流值(0.1mm)	34.0	20~45
矿料间隙率(%)	13.9	≥13.5
沥青饱和度(%)	66.5	65~75

9.3.2 配合比的控制

(1)经设计确定的标准配合比在施工中不得随意变更,如进场材料发生变化并测定沥青混合料的矿料级配、马歇尔技术指标不符合要求时,应及时进行调整配合比,保证沥青混合料质量符合要求并相对稳定,必要时重新进行配合比设计。

(2)配合比小组,尤其是质检员、化验员,必须严把质量关。每天正常拌和生产前,应首先把各热料仓的混合料(不含沥青)分别打一次并及时进行筛分,然后要再打一次混合料进行油石比马歇尔试验,如发现配合比、油石比不符合要求应马上调整。

(3)在生产的过程中,小组对每生产200t集料便要取一次沥青混合料,进行油石比、筛分、马歇尔试验,若发现不符合设计要求时,应及时进行调整,必要时重新设计。

9.3.3 沥青混合料的生产

沥青混合料由包头市鹿城路桥工程有限公司拌和站生产,集料及沥青室温加热温度、拌和温度、出场温度等见表9-38。拌和站的产量为200t/h。拌和站的全况和冷料仓见图9-17。各级人员的工作如下:

(1)施工人员进入岗位,做好施工前的准备工作,机械试运转。

(2)装载机将各种材料按目标配合比数值,分不同比例上到冷料仓中,控制室操作手将按生产配合比、沥青最佳量输入到计算机中去,并随时调整各材料的进料速度。

(3)施工人员负责将矿粉装入粉泵中,然后由矿粉泵将矿粉打到矿粉罐中,沥青的加热由专门的试验员监督,派一名技术工人负责用导热油加热所需的沥青罐,控制导热油的进出温度,同时监控沥青罐上的温度表,温度控制在160℃。

(4)启动拌和机,将燃烧器火苗增大,直至矿料加热温度达到195℃,同时调整好拌和时间,干拌时间为5s,湿拌时间为23s。

(5)混合料生产工艺流程为:混合料组成设计—输入生产程序—上冷料—加热矿料—加入融化沥青—拌和—储存—放料。

沥青混合料的拌和、施工温度(℃)　　　　　　　　表9-38

沥青加热温度	160	初压温度	151
矿料加热温度	195	复压温度	134
混合料出场温度	176	终压温度	122
运输到现场温度	168	碾压终表面温度	101
摊铺温度	164	施工时气温度	17

图9-17　拌和站基本情况

AC-16钢渣沥青混合料的生产工艺见图9-18。

图9-18　混合料的生产流程

9.3.4　试验段施工工艺

1) 主要施工设备

对现场的施工设备进行统计,得到的施工设备型号及相关参数见表9-39。施工设备的实物图见图9-19。在对AC-16钢渣沥青混凝土进行摊铺时,摊铺厚度为5cm,摊铺松铺系数为1.25,摊铺宽度为7m。

主要施工机械表　　　　　表9-39

仪器名称	型号/规格	设备数量	备注
沥青摊铺机	三一重工 SSP220C-5	1	摊铺能力:900t/h 最大摊铺厚度:50cm 作业速度:16m/min
双钢轮压路机	戴纳派克 CC624HF	1	钢轮宽度:2130mm 激振力(高/低):166kN/106kN 名义振幅(高/低):0.8mm/0.3mm 静线压力(前/后):28.2kg/cm/28.2kg/cm 振动频率(高/低):51Hz/67Hz 额定功率:119kW
	威克诺森 RD12A	1	振动轮直径:560mm 振动轮宽度:900mm 振动频率:70Hz
胶轮压路机	三一重工 SPR300-5	1	压实宽度:2368mm/2740mm 轮胎重叠量:63mm/45mm 工作速度:5.5km/h/8km/h/10km/h 轴距:4170mm 摇摆距离:±50mm 离地间隙:350mm 行驶速度-I档:0~14.4km/h 额定功率/转速:140kW/r/min

a)SSP220C-5摊铺机

b)CC624HF双钢轮压路机

图 9-19

c)SPR300-5胶轮压路机

d)RD12A钢轮压路机

图 9-19　主要施工设备

2）试验段施工流程

AC-16 钢渣沥青混凝土试验段共长 900m,宽 6m,位于 G210 到 G65 的连接线 S41 匝道处,起始位置从黄河收费站延伸到桥面。试验段的整体施工流程见图 9-20。施工流程为:装载机在拌和站装料运输—摊铺机现场按设定参数摊铺—双钢轮压路机进行初压—胶轮压路机进行负压—双钢轮压路机终压收面—小型号双钢轮压路机进行边角压实。

图 9-20　试验段施工流程

3）钢渣沥青混合料的运输

(1)根据拌和能力,为保证混合料的运输、摊铺的连续性,采用大吨位自卸汽车,数量应根据拌和能力、摊铺能力及路面结构、运距而定,运输时间不宜过长,不能无故停留,雨季车辆应配备苫布,防止热拌料运输中途遭雨淋。热拌料运输程序:接料—过秤—运输—卸料—空回。

(2)车箱内坚实无破损、漏洞,且有清洁光滑的金属底板,为防止沥青混合料与车箱底相黏结,车箱内应涂一薄层油水混合液,不得出现积聚现象。

(3)从拌和机(储料仓)向运料车上放料时,应每放一斗混合料,移动一下汽车位置,以防止粗细集料的离析现象。

(4)沥青混合料运输车的数量应较拌和能力或摊铺速度计算的数量有所富余,施工过程中前方应有等待卸料的车(4~5辆)。连续摊铺过程中,运料车应在摊铺机前10~30cm处停车,不得撞击摊铺机,卸料过程中,运料车应挂空挡,靠摊铺机推动前进。

(5)沥青混合料运至摊铺地点后,工长凭运料单接收,并检查拌和质量,不符合温度要求或已结成团块、已遭雨淋、花白料、油过大的混合料不得铺筑。

4)钢渣沥青混合料的摊铺

沥青混凝土路面施工前必须先修筑路缘石,摊铺采用摊铺机进行,同时配备标准的自动找平装置。松铺系数的确定:在铺筑沥青混合料前,每10m一个断面测定三点结构层高程,然后按5cm等厚放铺筑高程线,铺装并测定各点松铺高程,控制好摊铺方法、压实方法、压实温度达到压实标准。成形后,重新测定各个点位,根据结构层高程、松铺高程、压实后高程,得出成形前、后的厚度值,便可总结为松铺系数,控制松铺系数在1.15~1.25。本试验段摊铺的松铺系数为1.25。

(1)摊铺过程中应尽量采用全幅施工,采用半幅施工时,可阶梯进行或每天一侧半幅摊铺一个台班,便于处理接缝。

(2)调整好熨平板的高度和横坡后,进行预热,要求熨平板温度不低于100℃。它是保证摊铺质量的重要措施之一,要注意掌握好预热时间,预热后的熨平板在工作时如铺面出现少量沥青胶浆,且有拉沟时,表明熨平板已过热,应冷却片刻再进行摊铺。

(3)正确处理好绞笼内混合料的数量和螺旋输送器的转速配合,绞笼内最恰当的混合料数量是料堆的高度平齐于或略高于螺旋叶片,料堆的这种高度应沿螺旋全长一致,因此要求机械操作人员操作螺旋的转速配合恰当。

(4)热拌料运到路段上、化验员检测温度后,由现场指挥人员指挥卸料,最好排列4~5台运料车进行卸料,减少摊铺机停机次数,保证摊铺的连续性。

(5)为消除纵缝,采用全幅摊铺,但需调整好路拱,对不能全幅一次摊铺的沥青路面上下两层之间的纵缝,应至少错开30cm,如果行车道为两条,则表层接缝应在路中。

(6)摊铺机的摊铺过程。摊铺速度应根据拌和机的产量、施工机械配套情况及摊铺厚度、密度进行调整选择,做到缓、慢、均匀、不间断地摊铺。摊铺过程中不得随意变换速度,避免中途停顿,防止铺筑厚度、温度发生变化,进而影响摊铺质量。在铺筑过程中,摊铺机螺旋拨料器不停地转动,两侧应保持有不少于拨料高度2/3的混合料。一旦熨平板按所需厚度固定后,不应随意调整。摊铺机的速度应符合1~3m/min的规定,当发现混合料出现明显的离析、波浪、裂缝、拖痕时,应分析原因,予以消除。

5)钢渣沥青混合料的压实

(1)沥青路面压实工艺。

钢渣沥青路面分为初压、复压和终压。其中初压工艺为1遍双钢轮静压加2遍双钢轮振动压加1遍双钢轮静压;复压工艺为3遍胶轮静压;终压工艺为1遍双钢轮静压。

(2)沥青路面压实方法。

①初压。

应在混合料摊铺后较高温度下进行,一般控制在110℃~140℃,碾压速度1.5~2.0km/h,并不得产生推移、开裂。压路机应从外侧向中心碾压,相邻碾压带应重叠1/3~1/2轮宽,最后碾压路中心部分,若单幅从低向高处碾压。压完全幅为一遍,每条碾压带折回点部都应等距错开,一遍完成进行第2遍碾压时,用压路机将所有错开的折回点打斜抹平,提高平整度。1台双轮振动压路机,初压第1遍时,前进后退均为静压;第2遍和第3遍前进后退均为振压。压路机采用高频高幅进行压实,相邻碾压带轮迹重合为20~30cm。洒水装置进行间断洒水,只要保证不黏轮即可。第4遍为前进后退均为静压。初压遍数以4遍为宜,双轮振动压路机在振动压实时,必须保持前后双轮都开启振动。

②复压。

采用胶轮压路机,碾压遍数控制在3~6遍,温度控制在90℃~110℃,速度可控制在3.0~4.0km/h,需全幅碾压,碾压段落不宜过长,且复压段落不得与未完成初压的段落重合,应与初压段落保持10m左右间距。胶轮压路机进入铺筑路面复压前,必须清除所有轮胎上的杂物,并涂抹隔离剂(不得洒水),隔离剂不得使用柴油等使沥青油剥离性质的物质,且胶轮压路机在第一个复压段落上尽量提高轮胎温度后,方可进入下一个复压段落。第一个复压段落的长度可在30~50m,复压压实遍数应能保证胶轮轮胎无明显黏轮,方可进行下一段落的复压压实。在复压过程中,如果胶轮温度已经提升,且无明显黏轮现象时,可减少涂抹隔离剂的次数。

③终压。

终压紧跟复压后进行,终压可选用双钢轮压路机或关闭振动的振动压路机,碾压遍数不宜小于2遍并无轮迹,终压温度不低于80℃。压实过程中随时用4m直尺检查,用压路机趁热反复碾或用细料修补。

6)钢渣沥青路面铺设的整体效果

AC-16钢渣沥青路面的整体铺设效果见图9-21。从图中看出,钢渣试验段的表面较为平整,整体铺筑效果良好。

7)拌和站现场取料实测结果

在铺设当天,由工地试验室在拌和站现场取钢渣沥青混合料,取料过程及现场拌和的混合料见图9-22。将拌和的沥青混合料做相关性能测试,并成形马歇尔试件测试相关性能指标,测试结果见表9-40。

图 9-21　试验段的整体铺设效果

a)拌和站现场取料　　　　　　　　　　b)现场取的混合料样品

图 9-22　拌和站现场取料过程及取得的混合料样品

摊铺现场取料实测数据　　　　　　　　　　表 9-40

试验项目	实测油石比	检测项目	检测结果	规范要求
AC-16 钢渣沥青混合料	4.34%	马歇尔毛体积密度	2.983	—
		计算最大理论密度	3.130	—
		空隙率(%)	4.5	3~6
		矿料间隙率(%)	13.8	≥13.5
		沥青饱和度(%)	67.4	65~75
		马歇尔稳定度(kN)	12.4	≥8

续上表

试验项目	实测油石比	检测项目	检测结果	规范要求
AC-16钢渣沥青混合料	4.34%	流值(mm)	2.4	2~4.5
		浸水48h稳定度(kN)	11.2	≥7.5
		浸水残留稳定度比(%)	90.86	≥80
		劈裂强度(MPa)		—
		冻融劈裂强度(MPa)		—
		冻融劈裂强度比(%)		≥75

由上表检测结果可知，现场混合料的实测数据与生产级配的数据相差很小，达到了AC-16沥青混合料的设计要求。

9.4 G6乌海段MS-3微表处试验路段

9.4.1 MS-3钢渣微表处混合料配合比设计

1）配合比设计

（1）微表处矿料组成比例。

根据MS-3微表处矿料级配范围的要求，按试配法对其进行了矿料组成设计。通过调整，最后确定矿料的合成级配组成见表9-41，级配曲线图见图9-23。

MS-3微表处配合比矿料级配配合比计算表   表9-41

筛孔尺寸(mm)	原材料级配通过百分率(%)			合成级配(%)	级配中值(%)	设计级配上限(%)	设计级配下限(%)
	(0~2.36)mm细集料	(2.36~4.75)mm粗集料	(4.75~8)mm粗集料				
	60	10	30				
9.5	100.0	100.0	100.0	100.0	100	100	100
4.75	100.0	98.2	41.0	82.1	80	70	90
2.36	93.8	5.9	2.6	57.7	57.5	45	70
1.18	65.2	2.4	1.5	39.8	39	28	50
0.6	42.6	0.2	0.1	25.6	26.5	19	34
0.3	30.2	0.2	0.1	18.2	18.5	12	25
0.15	19.3	0.2	0.1	11.6	12.5	7	18
0.075	9.8	0.2	0.1	5.9	10	5	15

微表处稠度试验结果见表9-42。

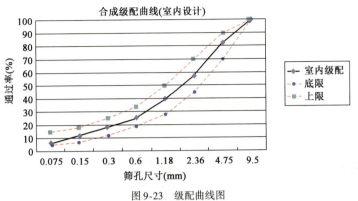

图 9-23 级配曲线图

微表处稠度试验结果　　　　　　　　　　　　　　　　　表 9-42

乳化沥青用量(%)	用水量(%)	技术要求(cm)	稠度(cm)
10	5	2~3	1.9
	6		2.2
	7		3.4

根据稠度试验结果,当乳化沥青用量为 10% 时,最佳用水量为 6%。

(2)微表处技术指标检验。

在最佳用水量条件下,对乳化沥青用量 10% 的微表处进行性能验证,试验结果见表 9-43,MS-3 微表处混合料现场状态见图 9-24。

MS-3 微表处技术指标试验结果　　　　　　　　　　　表 9-43

| 乳化沥青用量(%) | 拌和试验 | | 稠度(cm) | 黏聚力(N·m) | | 负压轮碾压试验(黏砂量)(g/m²) | 湿轮磨耗损失(浸水,1h)(g/m²) |
	可拌和时间(s)	不可施工时间(s)		30min	60min		
10	138	—	2.2	1.2	2.2	356	392
技术要求	>120		2~3	≥1.2	≥2.0	<450	<540
试验方法	T 0757		T 0751	T 0754		T 0755	T 0752

图 9-24　MS-3 微表处混合料现场状态

根据微表处性能验证结果,乳化沥青用量为11%,外加水用量为6%时,微表处各项指标均满足规范技术要求。

9.4.2 试验段的施工流程

MS-3钢渣微表处试验段现场铺设见图9-25,整体铺设效果良好,表面平整。

图9-25 MS-3钢渣微表处试验段铺设现场

9.4.3 微表处路面的性能检测结果

1)矿料级配检验

对钢渣微表处混合料的级配进行检验,其检测结果见表9-44。

钢渣微表处试验段的级配检验　　表9-44

试样总质量(g)	1931.1				1924.7				平均通过率(%)
水洗后筛上总量(g)	1780.1				1802.4				
水洗0.075mm筛下量(g)	151.0				122.3				
0.075mm通过率(%)	7.8				6.4				7.1
筛孔尺寸(mm)	筛上质量(g)	分计筛余(%)	累计筛余(%)	通过百分率(%)	筛上质量(g)	分计筛余(%)	累计筛余(%)	通过百分率(%)	级配修正(%)
9.5	0.0	0.0	0.0	100.0	0.0	0.0	0.0	100.0	—
4.75	407.5	21.1	21.1	78.9	513.9	26.7	26.7	73.3	—
2.36	384.3	19.9	41.0	59.0	340.7	17.7	44.4	55.6	—
1.18	347.6	18.0	59.0	41.0	350.3	18.2	62.6	37.4	—

续上表

筛孔尺寸（mm）	筛上质量（g）	分计筛余（%）	累计筛余（%）	通过百分率（%）	筛上质量（g）	分计筛余（%）	累计筛余（%）	通过百分率（%）	级配修正（%）
0.6	227.9	11.8	70.8	29.2	192.5	10.0	72.6	27.4	—
0.3	148.7	7.7	78.5	21.5	152.1	7.9	80.5	19.5	—
0.15	141.0	7.3	85.8	14.2	121.3	6.3	86.8	13.2	—
0.075	119.7	6.2	92.0	8.0	127.0	6.6	93.4	6.6	—
筛底	3.1	—	—	—	—	—	—	—	—

2）宽度、中线偏位检查记录

对钢渣微表处混合料的宽度、中线偏位进行检验，其检测结果见表9-45。

钢渣微表处试验段的宽度、中线偏位检测结果　　　　　　　　　　表9-45

桩号	设计值（m）	实测值（m）	偏差（mm）
K992+200	3.3	3.32	20
K992+400	3.3	3.31	10
K992+600	3.3	3.31	10

3）厚度检测

MS-3钢渣微表处试验段的厚度检测结果见表9-46，由结果可知，试验段的厚度检测结果符合《公路沥青路面施工技术规范》（JTG F40—2004）设计要求。厚度的检测方法为每段面挖坑3点，每200m一个断面，不满足200m按200m计。

渣微表处试验段的厚度检测结果　　　　　　　　　　表9-46

检查桩号	位置	厚度（cm）		误差（mm）
		设计	实测	
K992+000	上行	1	1.08	0.8
K992+300	上行	1	1.10	1.0
K992+600	上行	1	1.06	0.6
K992+900	上行	1	1.04	0.4

4）构造深度

表9-47为用手工铺砂法测试的MS-3钢渣微表处试验段的构造深度检测结果，由表可知，钢渣微表处试验段的构造深度均满足设计构造深度不低于0.60mm的要求，路面表明平整，无明显坑洞和凹槽。

MS-3钢渣微表处试验段的构造深度检测结果　　　　　　　　　　表9-47

检查桩号	位置	铺砂直径（mm）			构造深度（mm）	
		1	2	平均	单值	平均
K992+180	上行行车道	194	192	193	0.84	0.75
		216	215	215	0.69	
		209	208	210	0.72	

续上表

检查桩号	位置	铺砂直径(mm)			构造深度(mm)	
		1	2	平均	单值	平均
K992+580	上行行车道	208	205	206	0.76	0.81
		200	200	200	0.80	
		193	191	192	0.88	

5)渗水系数

采取渗水试验仪和秒表对 MS-3 钢渣微表处试验段的渗水系数进行测试,每 200m 测一处,测试结果见表 9-48,钢渣微表处试验段的渗水系数为 0,满足设计值不超过 10mL/min 的设计要求。

MS-3 钢渣微表处试验段的渗水系数检测结果　　表 9-48

检查路段	桩号与位置	初始计时的刻度(mL)	渗水读数(mL)			渗水至 500mL 需要的时间(s)	渗水系数平均值(mL/min)
			60s	120s	180s		
K992+100—K992+500	K992+140 上行行车道	100.0	—	—	100	—	0
		100.0	—	—	100	—	0
		100.0	—	—	100	—	0
K992+500—K992+950	K992+540 上行行车道	100.0	—	—	100	—	0
		100.0	—	—	100	—	0
		100.0	—	—	100	—	0

参 考 文 献

[1] 辛卓含,魏俊富,乔志,等.水中微量有机污染物的检测技术研究[J].现代化工,2020,40(03):221-224.

[2] 张宏,刘新,乔志.沥青胶浆黏度及流变特性的影响因素研究[J].材料导报,2019,33(14):2381-2385.

[3] 《中国公路学报》编辑部.中国路面工程学术研究综述·2020[J].中国公路学报,2020,33(10):1-66.

[4] 林俊涛,吴少鹏,刘全涛,等.沥青路面功能性预养护材料的养护时机研究[J].中国公路学报,2014,27(09):19-24.

[5] 徐鹏,祝轩,姚丁,等.沥青路面养护智能检测与决策综述[J].中南大学学报(自然科学版),2021,52(07):2099-2117.

[6] 李超,陈宗武,谢君,等.钢渣沥青混凝土技术及其应用研究进展[J].材料导报,2017,31(03):86-95+122.

[7] 邱怀中,杨超,吴少鹏,等.超薄磨耗层SMA-5钢渣沥青混合料性能研究[J].武汉理工大学学报(交通科学与工程版),2021,45(01):28-32.

[8] 何亮,詹程阳,吕松涛,等.钢渣沥青混合料应用现状[J].交通运输工程学报,2020,20(02):15-33.

[9] 交通部公路科学研究院.微表处和稀浆封层技术指南[S].北京:人民交通出版社,2006.

[10] 姜从盛,彭波,李春,等.钢渣作耐磨集料的研究[J].武汉理工大学学报,2001(04):14-17.

[11] 王纯,钱雷,杨景玲,等.熔融钢渣池式热闷在新余钢铁钢渣处理中的应用[J].环境工程,2012,30(04):90-92+113.

[12] 张彩利,王超,李松,等.钢渣沥青混合料水稳定性研究[J].硅酸盐通报,2021,40(01):207-214.

[13] 张强,胡力群,刘兴成.多掺量钢渣开级配沥青混合料性能研究[J].硅酸盐通报,2020,39(02):493-500.

[14] 李保安,李晨.基于全寿命周期的钢渣沥青混合料经济效益分析[J].公路交通科技(应用技术版),2017,13(07):4-7.

[15] 中华人民共和国行业标准.沥青混合料用钢渣:JT/T 1086—2016[S].北京:人民交通出版社股份有限公司,2016.

[16] 中华人民共和国国家标准.耐磨沥青路面用钢渣:GB/T 24765—2009[S].北京:中国标准出版社,2009.

[17] 中华人民共和国行业标准.公路工程沥青及沥青混合料试验规程:JTG E20—2011[S].北京:人民交通出版社,2011.

[18] 中华人民共和国行业标准.公路沥青路面施工技术规范:JTG F 40—2004[S].北京:人民交通出版社,2005.